工程力学实验

（第 2 版）

主　编　胥　明　付广龙　黄跃平

东南大学出版社
SOUTHEAST UNIVERSITY PRESS
·南京·

图书在版编目(CIP)数据

工程力学实验 / 胥明,付广龙,黄跃平主编. —2版. —南京 :东南大学出版社,2017.6(2022.7重印)

ISBN 978-7-5641-7171-1

Ⅰ.①工… Ⅱ.①胥… ②付… ③黄… Ⅲ.①工程力学—实验—高等学校—教材 Ⅳ.①TB12—33

中国版本图书馆CIP数据核字(2017)第116181号

工程力学实验(第2版)

出版发行 东南大学出版社
出 版 人 江建中
社　　址 南京市四牌楼2号
邮　　编 210096

经　　销 全国各地新华书店
印　　刷 常州市武进第三印刷有限公司
开　　本 787 mm×1092 mm　1/16
印　　张 7.5
字　　数 198千字
版　　次 2017年6月第1版
印　　次 2022年7月第3次印刷
书　　号 ISBN 978-7-5641-7171-1
印　　数 4001—5000册
定　　价 28.00元

(本社图书若有印装质量问题,请直接与营销部联系,电话:025—83791830)

前　言

近十多年的教学改革已经使力学实验教学发生了很大的变化。在教学理念上,力学实验教学已从过去的辅助理论教学转变为相对独立的一个创新能力培养环节;在教学内容上,从过去的验证性和演示性实验扩展到综合性、设计性,甚至是研究性实验。为适应实验教学的新形势,东南大学力学实验中心根据近十多年实验教学改革之经验,在教材《工程力学实验》(第1版)的基础上吸收同类院校实验教学之成果编写了这本教材。在编写过程中,力图体现以下原则:

1. 在编写指导思想上,坚持传授知识、培养能力、提高素质相协调,加强学生的探索精神和创新能力。在基本实验方面,实验步骤的叙述尽可能详尽,具有可操作性,使学生在了解仪器使用后能根据实验教材独立完成实验。在扩展实验方面,只提出设计任务,实验方案由学生自行拟定,培养学生自主学习、研究性学习的能力,进一步培养学生在实验中发现问题、解决问题的能力,为将来在科学研究或工程实践中解决实际问题提供初步训练。实验布置了思考题,让学生思考实验中可能遇到的问题,深化实验的基本原理的应用。

2. 实现实验标准化的要求。在实验教学的内容上结合当前执行的最新标准,使学生掌握标准中的测试要求。按照国家标准对实验的要求,完善了金属材料拉伸实验、金属材料扭转实验等各项实验的内容;促进了力学实验相关知识与国家标准的融合;实现了实验规范化和标准化。

3. 注重自制仪器的开发与应用。部分实验应用自制的实验仪器设备,编写实验内容,独立开发出可以广泛应用的实验项目。

4. 实验教学内容与科研、工程密切联系,形成良性互动。部分实验内容直接由科研成果转化而来,实验内容与实际工程应用联系紧密,有较强的工程应用背景。

5. 注重培养学生实验数据处理和软件应用的能力。独立开发了动应变实验教学软件,应用到加速度传感器灵敏系数标定实验和动荷系数测量实验,让学生掌握现代动态采集数据的方法和概念。在光弹实验中,让学生接触数字图像处理软件,掌握数字图像的处理基本方法。把实验内容和数据处理、软件应用的知识有机地结合起来,培养学生多种知识的综合应用与实验,极大地丰富了学生实验学习的内容,让学生掌握更多的实践技能。

本教材共安排21项实验,其中实验1、5、6、7、8、9、10、16由胥明编写,实验3、4、11、12、13、14、15、17由黄跃平编写,实验2、18、19、20、21由付广龙编写,附录1—4由何顶顶编写。全书由胥明统稿,由韩晓林教授主审。

编　者

2016年9月

目　　录

实验 1　金属材料拉伸实验

金属材料拉伸实验是材料力学课程最基本的实验，通过拉伸可以测定出金属材料一些基本的力学性能。国家标准 GB/T 228.1—2010《金属材料室温　拉伸试验方法》，已于2011 年 12 月 1 日开始实施。该国家标准与 1987 版的国家标准相比，在引用标准、定义和符号、试样、试验要求、性能测定方法、测定结果的修约和不确定度阐述等方面都作了较大修改和补充。本章按新标准对试验的要求进行编写，与国家标准接轨。

1.1　实验目的

(1) 了解并掌握 GB/T 228.1—2010 所规定的定义和符号、试样、试验要求、性能测定方法。

(2) 测定金属材料的上、下屈服强度（R_{eH}、R_{eL}），抗拉强度（R_m），最大力总延伸率（A_{gt}）和断后伸长率（A），断面收缩率（Z）。

(3) 观察和分析金属试样在拉伸过程中的各种现象，并比较断后伸长率（A）和最大力总延伸率（A_{gt}）的差异。

(4) 绘制材料的应力-应变曲线和冷作硬化曲线，观察冷作硬化对材料力学性能的影响。

1.2　实验设备和试样

实验设备有 Instron 3367 电子材料试验机、引伸计、游标卡尺等。

最常见的拉伸试样横截面多数为圆形和矩形。拉伸试样分比例试样和非比例试样两种。比例试样系按公式 $L_o=K\sqrt{S_o}$ 计算而得。式中 L_o 为试样标距，S_o 为试样原始截面积，系数 K 通常为 5.65 和 11.3，前者称为短试样（$L_o=5.65\sqrt{S_o}$），后者称为长试样（$L_o=11.3\sqrt{S_o}$），短、长圆形试样的标距 L_o 分别等于 $5d_o$、$10d_o$。非比例试样的标距与横截面间无上述关系。

一般拉伸试样由三部分组成，即工作部分、过渡部分和夹持部分（图 1.1）。工作部分必须保证光滑均匀以确保材料表面的单向应力状态。均匀部分的工作长度 L_c 称为平行长度，在均匀部分定出的工作长度 L_o 称为标距，因此标距小于平行长度。

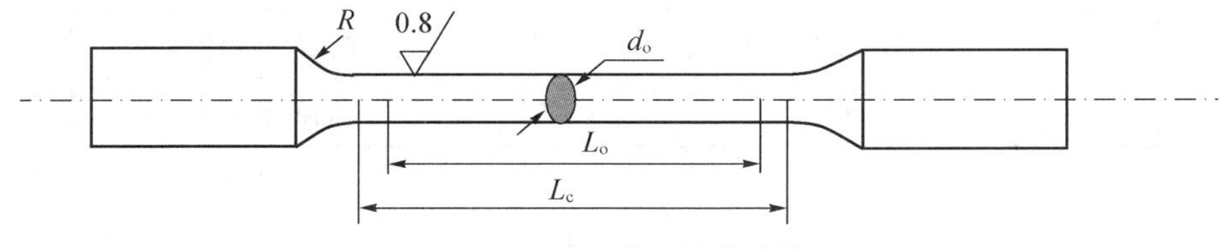

图 1.1　圆形截面拉伸试件

试样过渡部分必须有适当的台肩和圆角,以降低应力集中,保持该处不会断裂。试样两端的夹持部分用以传递载荷,其形状尺寸应与试验机的钳口相匹配。

用于拉伸试验的试验机有机械、液压等电子多种类型。目前普遍采用电子材料试验机,应用计算机进行加载的控制,试验机主要由加力部分和测力部分组成。电子材料试验机可以用于拉伸、压缩、剪切、弯曲等试验,故习惯上称它为万能材料试验机。

1.3 金属材料(低碳钢)的拉伸实验原理

当试样开始拉伸时,材料先呈现弹性状态。当荷载超过弹性比例极限时,就会产生塑性变形,金属的塑性变形主要是材料晶面产生了滑移,是由剪应力引起的。进入屈服阶段后,应力-延伸曲线通常呈水平的锯齿状,试样发生屈服而应力首次下降前的最高应力称上屈服强度(R_{eH}),由于上屈服极限受试样变形速度的影响较大,一般不作为材料的强度指标;同样,屈服后第一次下降的最低点(初始瞬时效应)也不作为材料的强度指标。在屈服期间,不计初始瞬时效应时的最低应力,除此之外的其他最低点中的最小值作为下屈服强度(R_{eL})。当屈服阶段结束后,应力-延伸曲线开始上升,材料进入强化阶段。若在这一阶段的某一点卸载至零,则可以得到一条与比例阶段曲线基本平行的卸载曲线。此时若再加载,则加载曲线沿原卸载曲线上升,以后的曲线基本与未经卸载的曲线重合。经过加载、卸载这一过程后,材料的弹性比例极限和屈服强度提高了,但延伸率降低了,这一现象称为冷作硬化。随着荷载的继续增加,曲线上升的幅度逐渐减小,当达到最大值(R_m)后,试样的某一局部横截面开始出现缩小,荷载也随之下降,通常称为"颈缩",最后试样在颈缩处断裂。

国家标准中共定义了12种可测的拉伸性能,即6种延性性能 A、A_e、A_{gt}、A_g、A_t 和 Z,6种强度性能 R_{eH}、R_{eL}、R_P、R_t、R_r 和 R_m,见表1.1。其符号体系与教材的符号有很大差别,为便于学习,特将各类符号列表对照,见表1.2。本实验中需要测定金属材料的上、下屈服强度(R_{eH}、R_{eL}),抗拉强度(R_m),最大力总延伸率(A_{gt})和断后伸长率(A),截面收缩率(Z)。

表1.1 GB/T 228.1—2010中12种拉伸性能符号说明

强度指标		塑性指标	
符号	说明	符号	说明
R_{eH}	上屈服强度	A_{gt}	最大力总延伸率
R_{eL}	下屈服强度	A_g	最大力塑性延伸率
R_P	规定塑性延伸强度	A_e	屈服点延伸率
R_t	规定总延伸强度	A	断后伸长率
R_r	规定残余延伸强度	A_t	断裂总延伸率
R_m	抗拉强度	Z	断面收缩率

表 1.2 新旧标准符号的对比

GB/T 228.1—2010		GB 228—87(老国标)	
性能名称	符号	性能名称	符号
—	—	屈服点	σ_s
上屈服强度	R_{eH}	上屈服点	σ_{sU}
下屈服强度	R_{eL}	下屈服点	σ_{sL}
规定塑性延伸强度	R_P	规定非比例伸长应力	σ_p
抗拉强度	R_m	抗拉强度	σ_b
最大力总延伸率	A_{gt}	最大力下总伸长率	δ_{gt}
断后伸长率	A	断后伸长率	δ
断面收缩率	Z	断面收缩率	ψ

GB/T 228.1—2010 国标中关于延伸的定义,见图 1.2。

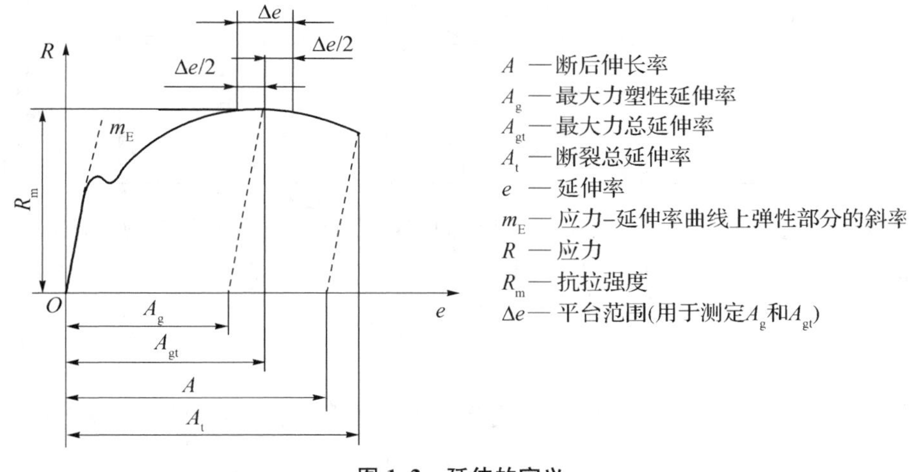

图 1.2 延伸的定义

1.3.1 上屈服强度(R_{eH})和下屈服强度(R_{eL})的测定

GB/T 228.1—2010 规定,当金属材料呈现屈服现象时,在试验期间达到塑性变形发生而力不增加的应力点。应区分上屈服强度和下屈服强度。

上屈服强度 R_{eH},指试样发生屈服而力首次下降前的最大应力,见图 1.3。

下屈服强度 R_{eL},指在屈服期间,不计初始瞬时效应时的最小应力,见图 1.3。

GB/T 228.1—2010 规定,可用应力速率控制(方法 B)测定上屈服强度和下屈服强度,具体应力速率控制规定见表 1.3。

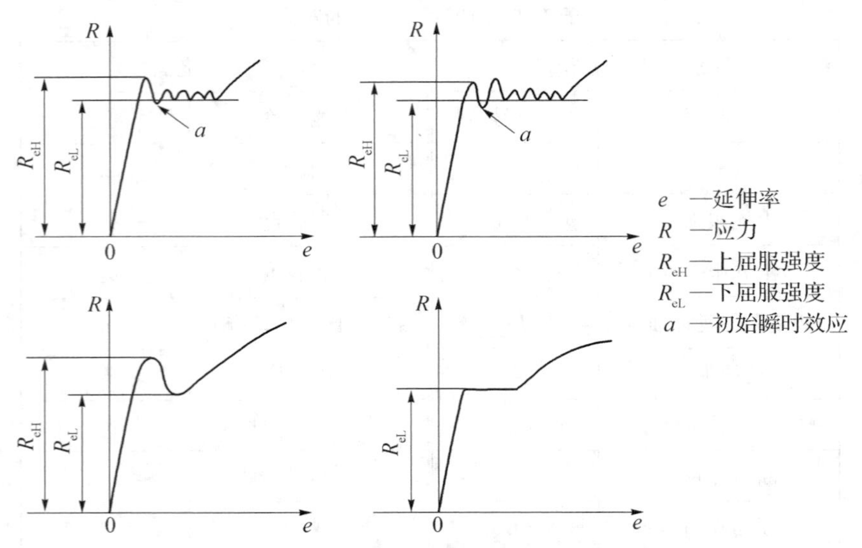

图 1.3　不同类型曲线的上屈服强度和下屈服强度

表 1.3　应力速率控制规定表

材料弹性模量 E/MPa	应力速率 R/(MPa · s^{-1})	
	最小	最大
<150 000	2	20
≥150 000	6	60

上屈服强度的测定：R_{eH}可以从应力-延伸曲线图或峰值力显示器上测得，定义为首次下降前的最大力值对应的应力（见图 1.3），即：

$$R_{eH} = \frac{F_{eH}}{S_o} \tag{1.1}$$

下屈服强度的测定：R_{eL}可以从应力-延伸曲线上测得，定义为不计初始瞬时效应时的最小力所对应的应力（见图 1.3），即：

$$R_{eL} = \frac{F_{eL}}{S_o} \tag{1.2}$$

上、下屈服力判定的基本原则如下：

(1) 屈服前的第一个峰值应力（第一个极大应力）判为上屈服强度，不管其后的峰值应力比它大或小。

(2) 屈服阶段中如呈现两个或两个以上的谷值应力，舍去第一个谷值应力（第一个极小值应力），取其余谷值应力中之最小者判为下屈服强度。如只呈现一个下降谷，此谷值应力判为下屈服强度。

(3) 屈服阶段中呈现屈服平台，平台应力判为下屈服强度。如呈现多个而且后者高于前者的屈服平台，判第一个平台应力为下屈服强度。

(4) 正确的判定结果应是下屈服强度一定低于上屈服强度。

当规定了要求测定屈服强度性能，但材料在实际试验时并不呈现出明显屈服状态（如高强度材料），而呈现出连续的屈服状态，此种情况材料不具有可测的上（或下）屈服强度，则应测定规定非比例延伸强度（$R_{p0.2}$），并注明材料无明显屈服。

1.3.2　规定塑性延伸强度（R_p）的测定

规定塑性延伸强度 R_p，指"塑性延伸率等于规定的引伸计标距 L_e 百分率时对应的应力"（应附下角标说明所规定的塑性延伸率，例如，$R_{p0.2}$，表示规定塑性延伸率为 0.2%时的应力），见图 1.4。

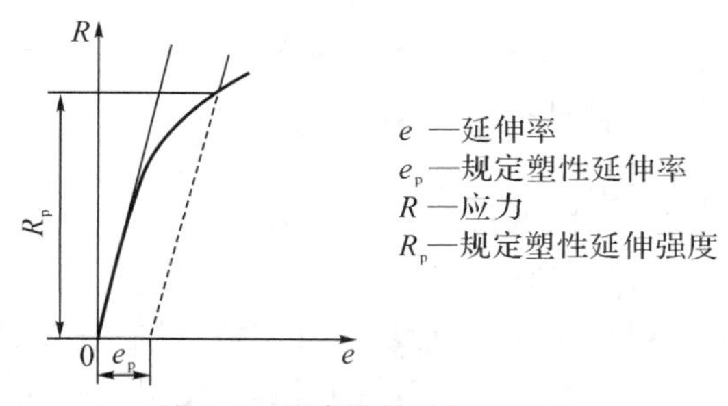

图 1.4　规定塑性延伸强度 R_p

根据应力-延伸曲线图测定规定塑性延伸强度 R_p。在曲线图上，作一条与曲线的弹性直线段部分平行，且在延伸轴上与此直线段的距离等效于规定塑性延伸率，例如 0.2%的直线。此平行线与曲线的交截点所对应的应力，就是规定塑性延伸强度 R_p（图 1.4）。

如应力-延伸曲线的弹性直线部分不能明确地确定，可以采用滞后环法或逐步逼近法来测定规定塑性延伸强度，详细方法可见 GB/T 228.1—2010 的 13.1 和附录 A。

1.3.3　抗拉强度 R_m的测定

抗拉强度 R_m 是指在应力-延伸曲线图上最大力 F_m 对应的应力。如果仅测定材料的抗拉强度，则整个试验过程中可以选取不超过 0.008 s^{-1}的单一试验速率。

抗拉强度 R_m 的测定：对于无明显屈服（不连续屈服）的金属材料类型，为试验期间的最大力判为 F_m；对于有明显屈服（不连续屈服）的金属材料，在加工硬化开始之后，试样所承受的最大力判为 F_m，将最大力 F_m 除以试样的原始横截面积 S_o 得到抗拉强度 R_m，即：

$$R_m = \frac{F_m}{S_o} \tag{1.3}$$

一般情况下抗拉强度 R_m 大于上屈服强度 R_{eH}，某些情况下也可能抗拉强度 R_m 小于上屈服强度 R_{eH}，见图 1.5(b)，也有可能无准确的抗拉强度，见图 1.5(c)。

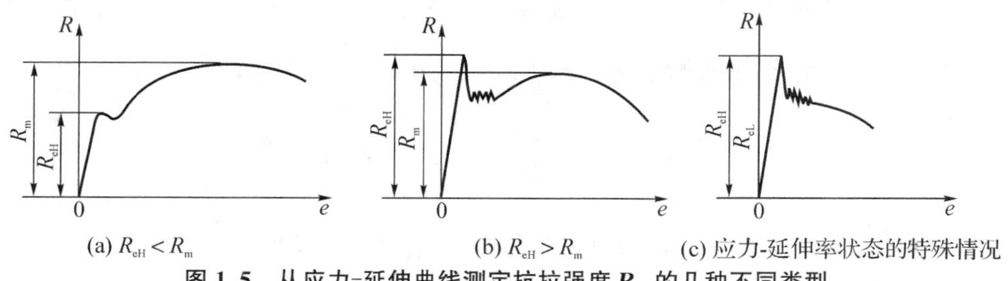

(a) $R_{eH} < R_m$　(b) $R_{eH} > R_m$　(c) 应力-延伸率状态的特殊情况

图 1.5　从应力-延伸曲线测定抗拉强度 R_m 的几种不同类型

1.3.4　最大力总延伸率(A_{gt})的测定

最大力总延伸率是最大力时原始标距的总延伸(弹性延伸加塑性延伸)与引伸计标距之比的百分率,见图 1.2。

引伸计标距(L_e)应等于或近似等于试样标距(L_o)。试验时记录力-延伸曲线,直至力值超过最大力点。测定最大力点的总延伸(ΔL_m),按下式计算最大力总延伸率:

$$A_{gt}=\frac{\Delta L_m}{L_e}\times 100 \tag{1.4}$$

有些材料在最大力时呈现一平台,当出现这种情况,取平台的中点的最大力对应的总延伸率。在实验报告中应报告引伸计标距。

1.3.5　断后伸长率 A 的测定

断后伸长率是试样断后标距的残余伸长与原始标距之比的百分率。将试样断裂部分仔细地配接在一起,使其轴线处于同一直线上,并采取特别措施保持试样断裂部分适当接触后测量试样断后标距。应使用分辨力足够的量具或测量装置测量断后伸长量。按下式计算:

$$A=\frac{L_u-L_o}{L_o}\times 100\% \tag{1.5}$$

式中:L_o——原始标距;

L_u——断后标距。

对于比例试样,若原始标距 L_o 不为 $5.65\sqrt{S_o}$,符号 A 应加下脚注说明所使用的比例系数,例如,$A_{11.3}$,表示原始标距 L_o 为 $11.3\sqrt{S_o}$的断后伸长率。对于非比例试样,符号 A 应加下脚注说明所使用的原始标距,以毫米(mm)表示,例如 $A_{60\ mm}$ 表示原始标距为 60 mm 的断后伸长率。

根据 GB/T 228.1—2010 规定,原则上只有断裂处与最接近的标距标记的距离不小于原始标距的三分之一情况方为有效;否则,应采用断口移位(中)法测定断后伸长率。断口移位(中)法规定如下:

(1) 试验前将试样原始标距细分为 5 mm(推荐)到 10 mm 的 N 等份;

(2) 试验后,以符号 X 表示断裂后试样短段的标距标记,以符号 Y 表示断裂试样长段的等分标记,此标距与断裂处的距离最接近与断裂处至标距标记 X 的距离。

如 X 与 Y 之间的分格数为 n,按如下测定断后伸长率:

(1) 如 $N-n$ 为偶数[图 1.6(a)],测量 X 与 Y 之间的距离 l_{XY} 和测量从 Y 至距离为 $\frac{N-n}{2}$个分格的 Z 标记之间的距离 l_{YZ}。按下式计算断后伸长率:

$$A=\frac{l_{XY}+2l_{YZ}-L_o}{L_o}\times 100\% \tag{1.6}$$

(2) 如 $N-n$ 为奇数[图 1.6(b)],测量 X 与 Y 之间的距离,以及从 Y 至距离为$\frac{1}{2}(N-n-1)$

和$\frac{1}{2}(N-n+1)$个分格的Z'和Z''标记之间的距离$l_{YZ'}$和$l_{YZ''}$。按下式计算断后伸长率：

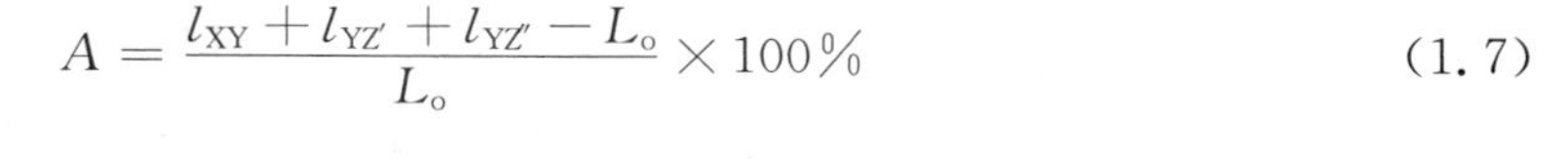

$$A=\frac{l_{XY}+l_{YZ'}+l_{YZ''}-L_o}{L_o}\times 100\%\tag{1.7}$$

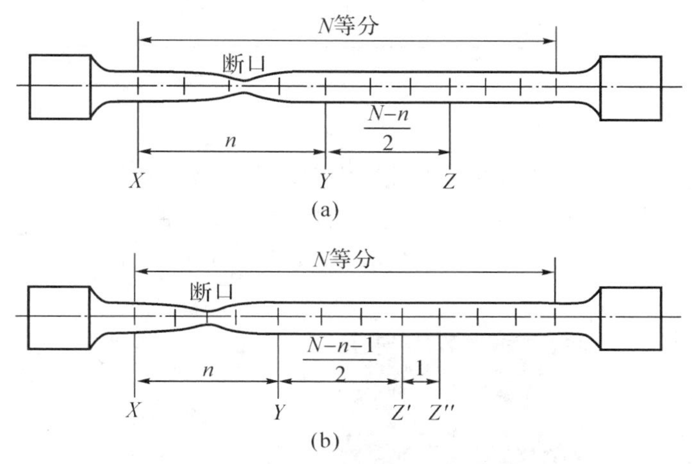

图 1.6　断口移位(中)法计算断后伸长率

能用引伸计测定断裂延伸的试验机，引伸计的标距(L_e)应等于试样的原始标距(L_o)。用引伸计系统记录力-延伸曲线，直至试样断裂。读取断裂点的总延伸，扣除弹性延伸部分后得到断后伸长率。扣除的方法是，过断裂点作平行于曲线的弹性直线段的平行线交于延伸轴，交点即断后伸长率，参见图 1.2。

1.3.6　断面收缩率 Z 的测定

断面收缩率是试样断裂后试样横截面的最大缩减量(S_o-S_U)与原始横截面积 S_o 之比的百分率。将试样断裂部分仔细地配接在一起，使其轴线处于同一直线上，然后进行测量。断裂后最小横截面积的测定应准确到±2%。对于圆形横截面试样拉断后缩颈处最小横截面并不一定为圆形横截面形状，但测定的方法基础是建立在假定为圆形横截面形状上。在缩颈最小处两个相互垂直方向上测量直径，取其平均值计算横截面积。对于矩形横截面试样断面收缩率的测定是假定矩形横截面四个边为抛物线形，它的等效横截面积粗略近似为$S_u=a_ub_u$，式中 a_u 和 b_u 分别为断裂后缩颈处最小厚度和最大宽度。这样，以测定试样原始横截面积(S_o)与断裂后缩颈处最小横截面积(S_u)之差与原始横截面积之比计算断面收缩率。按下式计算断面收缩率：

$$Z=\frac{S_o-S_u}{S_o}\times 100\%\tag{1.8}$$

1.3.7　性能测定结果数值的修约

强度性能值修约至 1 MPa，屈服点延伸率修约至 0.1%，其他延伸率和断后伸长率修约至 0.5%，断面收缩率修约至 1%，见表 1.4；修约的方法按照 GB/T 8170—2008。

表 1.4　实验结果数值的修约间隔

性　能	修约间隔
R(强度性能)	1 MPa
A_{gt}、A_g、A、A_t	0.5%
Z	1%

1.3.8　断口分析

用光滑试件进行拉伸试验时，断裂往往发生在宏观或微观缺陷处，例如成分偏析、夹渣、气泡等，是属于材料质量问题，若有上述缺陷在实验报告中应注明。

拉伸断口分为韧性断口（以低碳钢为代表）见图 1.7(a)和脆性断口（以铸铁为代表）见图 1.7(b)。

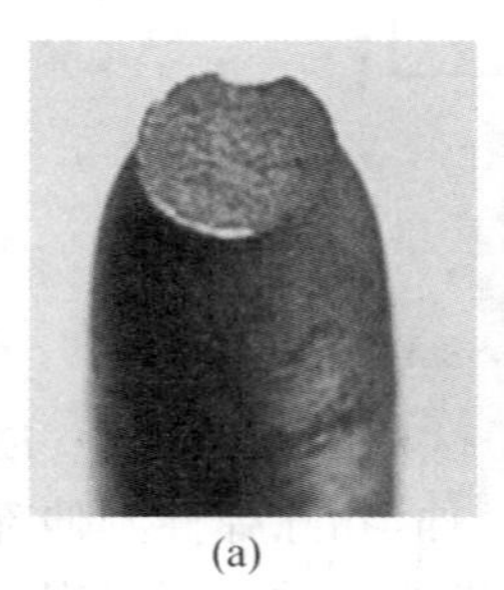

(a)

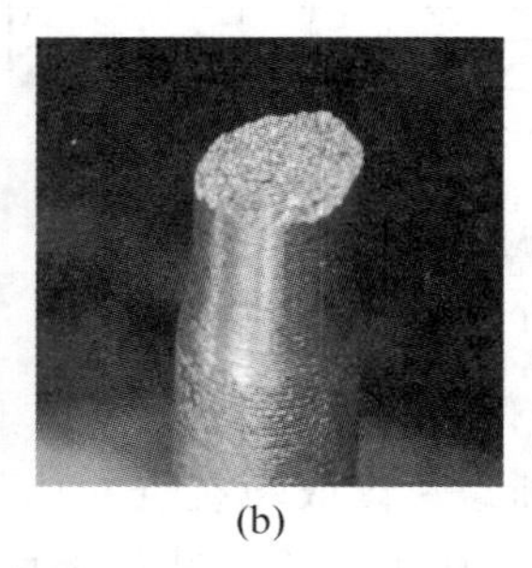

(b)

图 1.7　断口分析

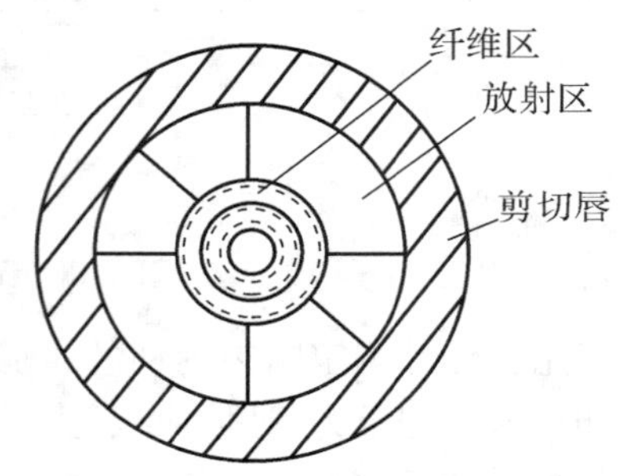

图 1.8　断口三个区域示意图

韧性断口形成过程：在颈缩形成之前，拉伸试样标距内各横截面上的应力分布是相同的、均匀的。一旦颈缩开始，颈缩截面上的应力分布就与其他截面不同了，且其截面上的应力分布不再保持均匀。该处不再是单向受力而是处于三向受力状态，在试样中心部分轴向应力最大。裂纹开始于试样中心部分，起初出现许多已明显可见的显微空洞（微孔），随后这些微孔增大，聚集而形成锯齿状的纤维断口，通常呈环状。当此环状纤维区扩展到一定尺寸（裂纹临界尺寸）后，裂纹开始快速扩展而形成放射区。放射区出现后，试样承载面积只剩下最外圈的环状面积，该部分由最大剪应力所切断，形成剪切唇，成为典型的杯锥状断口。断口中心锯齿状部分称为纤维区，断口边缘与轴向呈 45°的斜面部分称为剪切唇，纤维区与剪切唇之间光滑平台部分称为放射区，见图 1.8。为何会形成这三个区域呢？这三个区域又是怎样发展起来的呢？杯锥状断口的断裂机制主要是剪切断裂（从微观分析，纤维区是由许多小杯锥组成的，每个小杯锥的斜面大致与外力成 45 度角，因此，纤维区也是被剪断的）。对于光滑圆柱拉伸试样的韧性断口，纤维区一般位于断口的中央，呈粗糙的纤维状圆环形花样。在三向应力状态作用下，裂纹首先在最小截面处中心的某些非金属夹杂物等缺陷断裂，形成孔洞，即所谓显微孔洞。随着应力的继续增加，显微孔洞不断长大和连接，形成闭口裂纹。闭口裂纹进一步与附近的显微孔洞贯通，形成了锯齿状的纤维区。在应力的继续增加情况下，裂纹从临界尺寸开始，以快速低能量的撕裂方式发展。此时从宏观上看，塑性变形量很小，表现为脆性断裂，但从微观上看仍有很大的塑性变形，形成了有放射花样的放射区。放射区之后还有边缘的环状部分连接着，此时径向应力消失，该部分处于单向应力状态，并在与轴向成 45°的斜截面上被剪断，形成剪切唇区通过以上分析，杯锥状断口发展顺序是先形成纤维区，继而扩展到放射区，最后边缘环状部分被剪断，形成剪切唇。杯锥状断口的物理本质是力学因素（应力状态）、物理因素（形变强度、杂质缺陷）和几何因素（断面减小）综合作用的结果。

脆性断口一般表现为断口平齐，并垂直于拉应力方向断裂，没有任何倾斜截面。

1.4　金属的拉伸实验步骤

（1）确定标距

根据标准计算试样的标距，试样比例标距的计算值应修约到最接近 5 mm 的倍数，中间数值向较大一方修约。实验前应在试样上做原始标距的标记，标记原始标距的准确度应在±1%以内。标记可以用小冲点、细划线或细墨线做标记，标记应清晰，试验后能分辨，不影响性能的测定。对于带头试样，原始标距应在平行长度的居中位置上标出。为了便于测量 L_u，可将标距均分为若干格。

（2）试样测量

原始横截面积（S_o）的测定应准确到±1%。目前国家现行标准 GB/T 228.1—2010 规定宜在试样平行长度中心区域以足够的点数测量试样的相关尺寸，原始横截面积 S_o 是平均横截面积。建议用游标卡尺在试样标距的两端和中间的三个截面上测量直径，并记录测量数据。每个截面在互相垂直的两个方向各测一次，取其平均值计算三个截面的面积，取平均值作为原始横截面面积 S_o。对于矩形截面用游标卡尺在试样标距的两端和中间的三个截面上测量宽度和厚度。

（3）启动设备

打开试验机和计算机电源，静候数秒，以待机器系统检测。打开 Bluehill 测试软件，根据指导教师的要求选取相应的测试程序，并输入试样的相关参数。

（4）调零

试样两端被夹持之后会在试样上作用一初始的荷载，因此在试验加载链装配完成后，试样两端被夹持之前，应设定力测量系统的零点。一旦设定了力值的零点，在试验期间不能再次调零。

（5）安装试样

根据试样长度调整试验机的上、下夹头的位置。试样必须位于夹具的中间位置；其夹持长度超过夹具长度的 2/3。在确保试样夹紧的同时，不会产生过大的荷载使试样损伤。试样的轴线应与上、下夹头的轴线重合，防止出现试样偏斜和夹持部分过短的现象。

（6）加载

正式加载，注意观察试样在试验过程中材料在各阶段的现象与变化情况。

试样断裂后，立即检查试验机是否自动停止加载，如试验机未能停止运行，点击“停止”终止测试并取出试样。

（7）判定和选取上、下屈服点和最大力点

根据计算机软件显示的力-延伸曲线，按 1.3.1 的方法选取上、下屈服点，按 1.3.3 和 1.3.4 的方法选取最大力点。选取结束后，软件会自动将上、下屈服荷载，最大力和最大力总延伸率列表显示，此时记录原始数据。

(8) 测量断口数据

将断裂试件的两断口对齐并尽量靠紧，按 1.3.5 的方法测量断裂后标距段的长度 L_u，按 1.3.6 的方法测量断口颈缩处的尺寸，计算断口处的横截面积 S_u。

(9) 整理实验现场

将断裂试件放到指定的位置，将夹头和试验机清理干净，将工具放回原位置。

1.5 思考题

(1) 伸长与延伸的区别是什么?

(2) 请修约以下数据 $A=23.65\%$，$A=23.652\%$，$R_p=557.5$ MPa，$R_p=457.6$ MPa。

(3) 最大力总延伸率与断后伸长率的区别是什么? 如何测定?

(4) 为何在拉伸实验中必须采用标准试件或比例试件?

(5) 低碳钢试样拉伸断裂后，断口的形态是怎样的? 从何处先断? 为什么?

(6) 图解法与人工法测得的断后伸长率有何区别?

(7) 若受力试件的变形已超出弹性阶段，而进入强化阶段，则试件只有塑性变形而无弹性变形，这一结论对吗? 为什么?

(8) 根据实测的拉伸曲线，如何测量出低碳钢试样断裂时的真实应力?

实验 2　金属材料扭转实验

扭转问题是工程中经常遇到的一类问题。金属材料的室温扭转试验通过对试样(低碳钢和铸铁)施加扭矩,测量扭矩及其相应的扭角(一般扭至断裂),来测定一些材料的扭转力学性能指标。本实验依据国家标准 GB/T 10128—2007《金属材料　室温扭转试验方法》进行编写,使实验内容与标准一致。

2.1　实验目的

(1) 了解 GB/T 10128—2007《金属材料　室温扭转试验方法》所规定的定义和符号、试样、实验要求、性能测定方法。

(2) 了解扭转试验机的基本构造和工作原理,掌握其使用方法。

(3) 测定低碳钢材料扭转时的上、下屈服强度,抗扭强度和相应的扭角。

(4) 测定铸铁材料扭转时的抗扭强度和相应的扭角。

(5) 比较低碳钢和铸铁在扭转时的机械性能及其破坏情况。

2.2　实验设备和试样

扭转试验机,游标卡尺。

扭转试样采用圆柱形试样,材料为低碳钢和铸铁。

2.3　实验原理

杆件在一对大小相等、转向相反、作用面垂直于杆轴线的外力偶作用下,将会出现扭转变形。此时杆件表面的纵向线将变成螺旋线。杆件为等截面圆杆时,杆件的物理性能和横截面几何形状具有极对称性,杆件的变形满足平面假设(横截面像刚性平面一样绕轴线转动),这是扭转问题中最简单的情况。

标准 GB/T 10128—2007 中定义了多种可测的扭转性能指标,表 2.1 列出了扭转破坏实验常用的几种指标的符号、名称和单位。测试应在室温 10～35 ℃下进行。在试样屈服前,扭转试验机的加载速度应控制在 6°～30°/min 范围内某个尽量恒定的值;在试样屈服后,加载速度应控制在不大于 360°/min 的范围内。加载速度的改变应对试样无冲击现象。

表 2.1　符号、名称及单位

符　号	名　称	单　位	符　号	名　称	单　位
T	扭矩	N·m	τ_{eH}	上屈服强度	MPa
I_p	极惯性矩	mm^4	τ_{eL}	下屈服强度	MPa
W	抗扭截面系数	mm^3	τ_m	抗扭强度	MPa
L_e	扭转计标距	mm	τ_p	规定非比例扭转强度	MPa
ϕ_{max}	最大非比例扭角	(°)	γ_{max}	最大非比例切应变	%

2.3.1　规定非比例扭转强度的测定

图解法：根据试验机自动记录的扭矩-扭角曲线，在曲线上延长弹性直线段交扭角轴于 O 点，截取 OC 段（$OC=2L_e\gamma_p/d$，L_e 为扭转计标距，γ_p 为非比例切应变），过 C 点作弹性直线段的平行线 CA 交曲线于 A 点，A 点对应的扭矩为所求扭矩 T_p，见图 2.1。

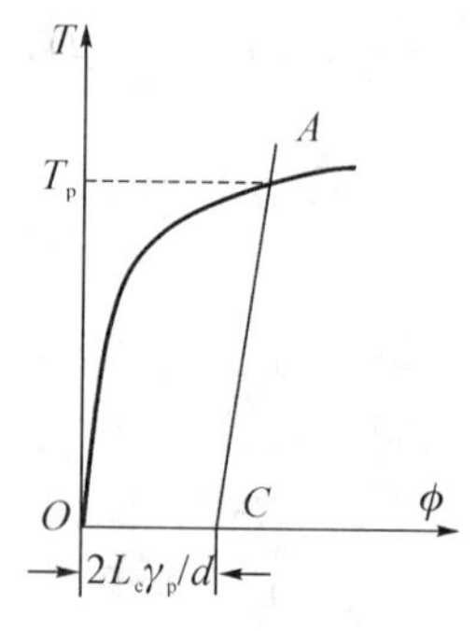

图 2.1　规定非比例扭转强度

$$\tau_p = \frac{T_p}{W} \tag{2.1}$$

式中：对于圆柱形试样 $W=\frac{\pi d_0^3}{16}$。

2.3.2　上屈服强度(τ_{eH})和下屈服强度(τ_{eL})的测定

上屈服强度是扭转试验中，试样发生屈服而扭矩首次下降前的最高切应力。下屈服强度是扭转试验中，在屈服期间不计初始瞬时效应时的最低切应力。

图解法：实验时用自动记录方法记录扭转曲线（扭矩-扭角曲线或扭矩-夹头转角曲线）。首次下降前的最大扭矩为上屈服扭矩；屈服阶段中不计初始瞬时效应的最小扭矩为下屈服扭矩，见图 2.2。按下式分别计算上屈服强度和下屈服强度：

$$\tau_{eH} = \frac{T_{eH}}{W} \tag{2.2}$$

$$\tau_{eL} = \frac{T_{eL}}{W} \tag{2.3}$$

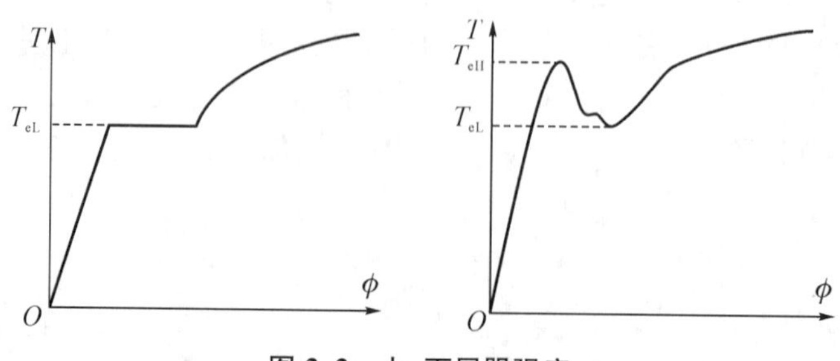

图 2.2　上、下屈服强度

2.3.3　抗扭强度(τ_m)的测定

抗扭强度是相应最大扭矩的切应力。对试样连续施加扭矩，直至扭断。从记录的扭转曲线(扭矩-扭角曲线或扭矩-夹头转角曲线)上读出试样扭断前所承受的最大扭矩。按下式计算抗扭强度：

$$\tau_m = \frac{T_m}{W} \tag{2.4}$$

式(2.4)是在弹性阶段、试样横截面上切应力与剪应变沿半径方向的分布都是直线关系时的计算公式。

如果考虑塑性变形的影响，切应变虽然保持直线分布，但切应力由于试样表面首先产生塑性变形而有所下降，不再是直线分布，见图 2.3。所以用式(2.4)计算得到的抗扭强度 τ_m 与真实抗扭强度有一定差距，故 GB/T 10128—2007 在附录 B 中规定了真实抗扭强度的测定方法。具体方法如下：用自动记录方法记录扭矩-扭角曲线，直到试样断裂。以曲线上断裂点 K 为切点，过 K 点作曲线的切线 KT_B 交扭矩轴于 T_B，见图 2.4。读取扭矩 T_K 和扭矩 T_B。按公式(2.5)计算真实抗扭强度：

$$\tau_{tm} = \frac{4}{\pi d^3}\left[3T_K + \theta_K\left(\frac{dT}{d\theta}\right)_K\right] = \frac{4}{\pi d^3}(4T_K - T_B) \tag{2.5}$$

当到最大扭矩时，$\frac{dT}{d\theta} = 0$。此时 $\tau_{tm} = \frac{4}{\pi d^3}(3T_m)$，即：

$$\tau_{tm} = \frac{3T_m}{4W} \tag{2.6}$$

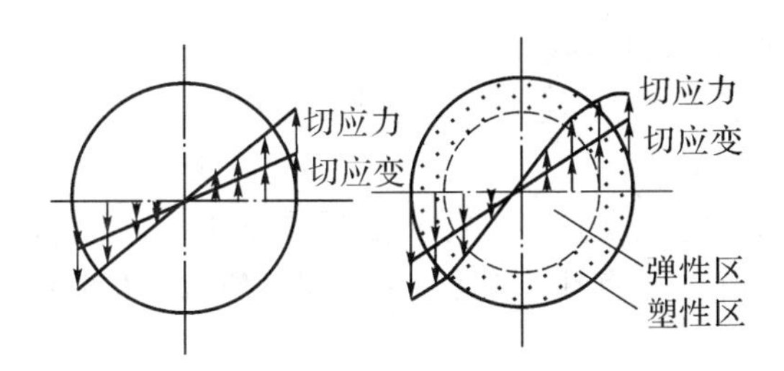

图 2.3　切应力与切应变分布

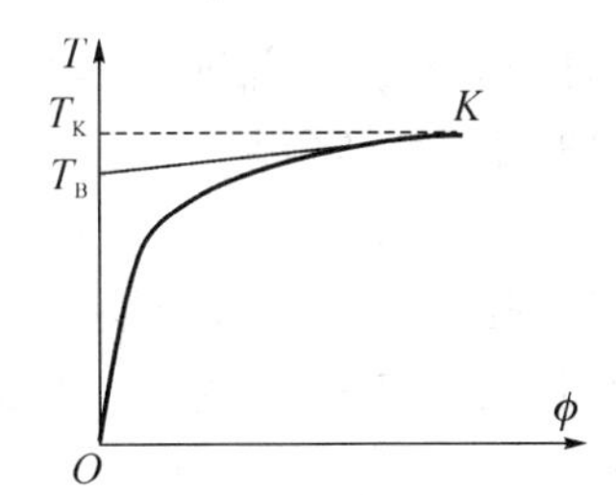

图 2.4　真实抗扭强度

2.3.4　实验结果数值修约

实验结果数值应按照表 2.2 的要求进行修约。

表 2.2　扭转性能数值的修约间隔

扭转性能	范围	修约到
G	—	100 MPa
τ_p、τ_{eH}、τ_{eL}、τ_m	≤200 MPa	1 MPa
	>200～1 000 MPa	5 MPa
	>1 000 MPa	10 MPa
γ_{max}	—	0.5%

2.3.5 断口分析

根据材料力学分析，圆截面试样扭转时横截面上任一点处在纯剪切应力状态下，试样表面任一斜截面上的正应力和剪应力分别为 $\sigma_\alpha = -\tau_{max}\sin 2\alpha$ 和 $\tau_\alpha = \tau_{max}\cos 2\alpha$。在 $\alpha = 0°$ 和 $\alpha = 90°$ 两个面上的剪应力绝对值最大，均等于 τ_{max}。而在 $\alpha = -45°$ 和 $\alpha = 45°$ 两个斜截面上的正应力分别为最大、最小值，绝对值均等于 τ_{max}，分别为拉应力和压应力。

上述应力分析所得结果可从圆杆在扭转实验中的破坏现象得到验证。对于抗剪强度低于抗拉强度的材料(低碳钢)，破坏是首先从杆的最外层沿横截面发生剪断而产生的，因此断口在试样的横截面上。对于抗拉强度低于抗剪强度的材料(铸铁)，破坏是首先发生在杆的最外层沿着与杆轴线约成 45°倾角的螺旋形曲面上，试样沿与最大主应力正交的方向被拉断，断口为与试样轴线约成 45°倾角的螺面，见图 2.5。

图 2.5　扭转试样断口

2.4 实验步骤

(1) 试样的测量

对于圆形试样，在标距两端及中间三个截面，沿两个相互垂直的方向上各测一次直径，并分别计算每个截面平均直径；取三个截面平均直径的最小值，计算极惯性矩和抗扭截面系数。

(2) 试验机的准备

打开试验机的启动开关，打开控制软件，设定试验参数。

(3) 扭矩、转角调零

(4) 安装试样

根据试样长度调整夹头位置，保证试样两端完全夹持。试样夹紧后取下夹头上配备的加力扳手，置于适当位置。在试样上沿轴线画一条直线，能够直观地观察到试样的变形情况。

(5) 加载

单击控制软件上的“试验开始”按钮，正式加载。加载过程中注意观察试样的变化和扭转曲线的变化，直至试样破坏，记录实验数据。

(6) 保存、记录数据

实验完毕取下试样，注意观察试样破坏断口的形貌。保存好实验得到的相关数据和扭转曲线图，并按照实验报告的要求记录原始数据。

(7) 整理实验现场

将断裂试样放到指定的位置，清理试验台，将工具放回原位置。

2.5 思考题

(1) 低碳钢和铸铁的扭转破坏有什么不同？根据断口形式分析其破坏的原因。

(2) 根据低碳钢圆截面试样断裂前的最大扭矩 T_m 按公式计算出来的是否是试样材料的剪切强度极限？为什么？

(3) 低碳钢的拉伸屈服极限和剪切屈服极限有什么关系？

(4) 自行设计一种测量材料剪切弹性模量 G 的方法。

(5) 低碳钢试样扭转试验前在表面沿轴线方向画一条直线，试样断裂后该直线变成曲线，试根据实验的样品分析这条直线变成曲线后，该直线的相对伸长率(直线伸长的长度除以原长)是多少？同低碳钢拉伸实验的断后伸长率相比有何异同之处？

(6) 根据低碳钢试样的抗拉强度和真实的抗扭强度的实验结果，试用第四强度理论分析两者之间的关系。

实验 3　电阻应变计的粘贴工艺

3.1　实验目的

(1) 初步掌握常温用电阻应变计的粘贴技术。

(2) 要求掌握应变计筛选、粘贴、引线、质量检查、防护措施等方法。

3.2　实验设备与器材

电阻应变仪、电阻应变计(120 Ω)、粘结剂(502 胶)、砂纸、万用表、电烙铁、镊子、无水酒精、丙酮、导线、试件。

3.3　电阻应变计的构造

不同用途的电阻应变计构造不完全相同,但一般都由敏感栅、引线、基底、盖层和粘结剂组成,其构造简图如图 3.1 所示。敏感栅是应变计中将应变量转化为电量的元件,是用金属或者半导体材料制成的单丝或栅状体。敏感栅的形状如图 3.2 所示。敏感栅的尺寸用栅长和栅宽来表示。敏感栅的纵向中心线成为纵向轴线,是应变计的轴线,应变计测量的应变就是沿该方向的线应变。引线是从敏感栅引出的电信号的镀银线状或者镀银带状导线。基底是保持敏感栅、引线的几何形状和相对位置的部分,基底尺寸通常代表应变计的外形尺寸。粘结剂是将敏感栅固定在基底上或者将应变计粘贴在被测构件上,具有一定绝缘性能的物质。盖层是覆盖在敏感栅上的绝缘层,用以保护敏感栅。

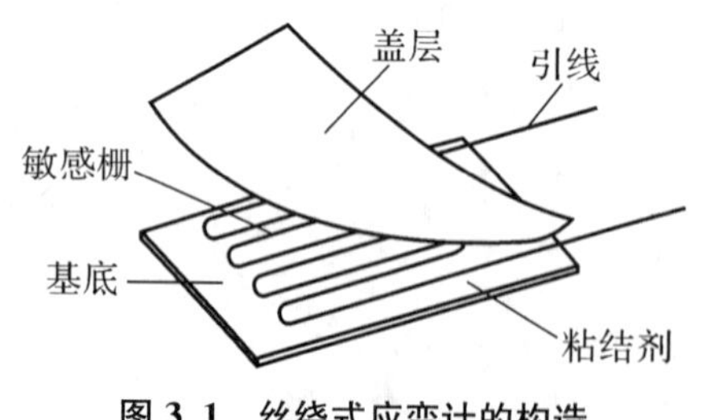

图 3.1　丝绕式应变计的构造

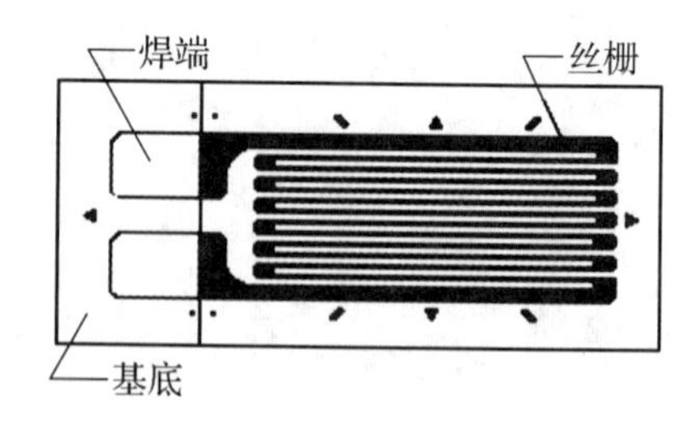

图 3.2　箔式应变计的构造

3.4　电阻应变计的分类

按应变计敏感栅的结构形状进行分类,可分为单轴应变计和多轴应变计。单轴应变计只有单个敏感栅,用于测量单向应变。多轴应变计是由两个或两个以上的轴线相交成一定角度的敏感栅制成的应变计，也称为应变计，图 3.3 是几种比较典型的应变计，也有应变计轴线夹角不等和敏感栅重叠在一起的应变计。

按应变计敏感栅材料进行分类，可分为金属电阻应变计和半导体应变计。金属电阻应变计又分为金属丝式应变计、金属箔式应变计和金属薄膜应变计。现在一般多用金属箔式应变计。

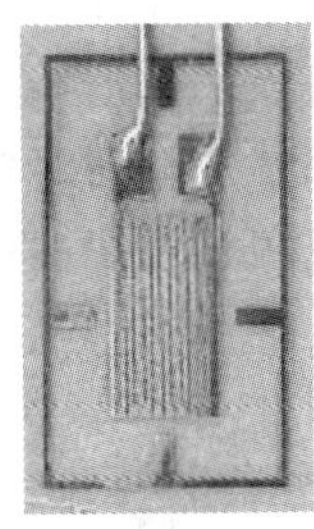
单向应变计

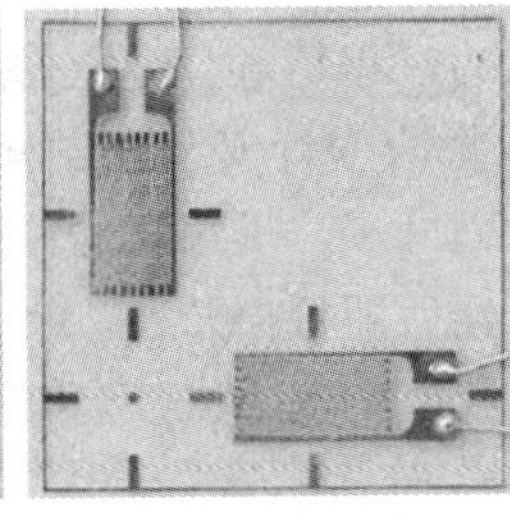
二轴直角应变计

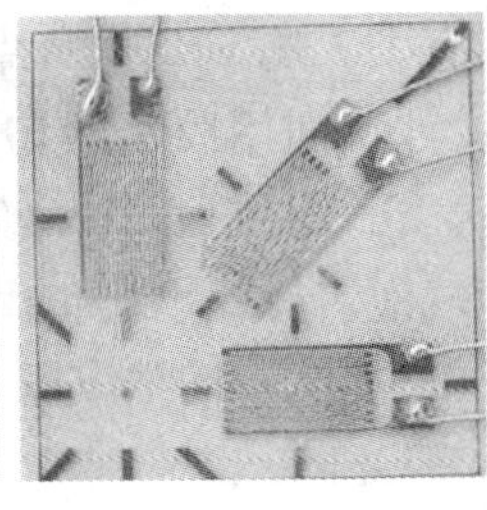
三轴45°　应变计

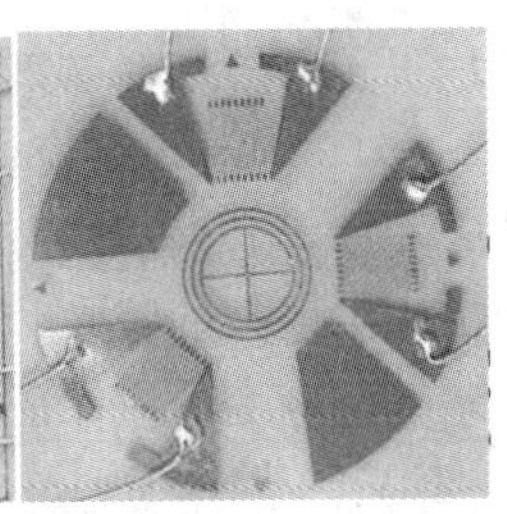
三轴60°　应变计

图 3.3　常温下常用应变计的种类

按应变计的工作温度可分为：

常温应变计，其工作温度为－30 ℃至＋60 ℃。
中温应变计，其工作温度为＋60 ℃至＋350 ℃。
高温应变计，工作温度高于＋350 ℃。
低温应变计，工作温度低于－30 ℃。

3.5　应变计的粘贴工艺

应变计的粘贴工艺主要包括：(1) 构件测点部位的表面处理；(2) 应变计的粘贴、固化；(3) 导线的焊接；(4) 应变计和引线的防护以及贴片质量检查等。这是电测技术中的关键环节，其中任何一道工序的质量未能保证，都将直接影响测试结果。

3.6　实验步骤

3.6.1　应变计检查与分选

粘贴电阻应变计之前，凭肉眼或借助放大镜对待用的电阻应变计进行外观检查，观察敏感栅有无锈斑、缺陷，是否排列整齐，基底和覆盖层有无损坏，引线是否完好、牢固。再用万用电表检查阻值，阻值测量应精确到 0.1 Ω；其目的是检查敏感栅电阻是否存在断路、短路现象，并按阻值进行分选，保证共用温度补偿的一组应变计的阻值相差不得超过±0.5 Ω。

3.6.2　构件表面处理

对于钢铁等金属构件，首先是清除表面油漆、氧化层和污垢，然后磨平或锉平，并用细砂布磨光，通常称此工艺为“打磨”。打磨表面粗糙度应达 $\overset{3.2}{\bigtriangledown}$ 左右。对于非常光滑的构件，则需用细砂布沿 45°方向交叉磨出一些纹路,以增强粘结力。打磨面积为应变计面积的 5 倍左右。打磨完毕后,用划针轻轻划出贴片的定位线。表面处理的最后是清洗,即用洁净棉纱或脱脂棉球蘸无水酒精(或丙酮等其他挥发性溶剂)对贴片部位进行擦洗,注意应沿单一方向擦洗,不要来回交替擦洗,直至棉球上见不到污垢为止。

3.6.3 粘贴

贴片工艺与所用粘结剂有关。用 502 胶贴片的过程是,待清洗剂挥发后,先在试样测点位置滴一点 502 胶,再将应变计背面用胶水涂匀,将应变计安装在试样贴片位置,然后用镊子拨动应变计,调整位置和角度。定位后,在应变计上垫一层聚乙烯或四氟乙烯薄膜,用手指轻轻挤压出多余的胶水和气泡。待胶水初步固化后即可松开。

粘贴好的应变计应保证位置准确,粘结牢固,胶层均匀,无气泡和整洁干净。

3.6.4 导线的焊接与固定

粘结剂初步固化后,可进行焊线。常温静态应变测量可使用双芯多股铜质塑料线作导线,动态应变测量应使用三芯或四芯屏蔽电缆作导线。

应变计和导线间的连接最好通过接线端子,接线端子和引线的焊接端应去除氧化皮绝缘物,用酒精(或丙酮等)进行清洗。将应变计引出线轻轻撩起与接线端子焊点间留一定的拉伸环,用电烙铁将应变计引出线与测量导线锡焊。焊接要迅速,时间过长会产生氧化物降低焊点质量;焊点要求光滑饱满,防止虚焊。导线两端应根据测点的编号做好标记。

3.6.5 贴片质量检查

(1) 外观检查:观察贴片方位是否正确,应变计有无损伤,粘贴是否牢固和有无气泡等。

(2) 通路检查:用万用表检查应变计引出导线之间的阻值是否是 120 Ω,检查有无断路、短路。

(3) 绝缘检查:用万用表检查应变计引出线与试件之间的电阻,应大于 100 MΩ。

3.6.6 应变计及导线的防护

粘结剂受潮会降低绝缘电阻和粘结强度,严重时会使敏感栅锈蚀,酸、碱及油类浸入甚至会改变基底和粘结剂的物理性能。为了防止大气中游离水分和雨水、露水的浸入,在特殊环境下防止酸、碱、油等杂质侵入,对已充分干燥、固化,并已焊好导线的应变计,应涂上防护层。常用室温防护剂有凡士林、蜂蜡、硅橡胶、环氧树脂。

3.7 实验报告要求

简述贴片、接线、检查等主要步骤。对贴片过程中出现的问题进行记录,并说明这些问题应如何处理。

3.8 思考题

（1）为什么说电阻应变计的粘贴质量直接影响到测量的准确度？

（2）在粘贴电阻应变计时，要保证电阻应变计的粘贴质量，应注意哪些环节？

（3）电阻应变计是否粘贴良好应如何检查？

（4）电阻应变计的主要参数有哪些？

实验 4　电阻应变计的热输出

4.1　实验目的

(1) 了解电阻应变计的温度特性及温度补偿的重要性。

(2) 掌握电阻应变计的温度特性的测定方法。

4.2　实验设备与器材

电阻应变仪、电阻应变计(120 Ω)、导线、加温设备、温度计。

4.3　电阻应变计的温度特性

当应变计安装在可以自由膨胀的试件上,且试件不受外力作用时,若环境温度不变,则应变计的应变为零,若环境温度变化,则应变计产生应变输出。这种由于温度变化而引起的应变输出,称为应变计的热输出。

产生应变计热输出的原因主要有以下两个方面:

(1) 应变计敏感栅材料本身的电阻温度系数引起的

由于温度变化引起电阻应变计敏感栅阻值变化而产生附加应变为:

$$\varepsilon_{t\alpha} = \frac{\Delta R_{t\alpha}/R}{K_S} = \alpha \frac{\Delta t}{K_S} \tag{4.1}$$

式中:K_S——应变计的灵敏度系数;

α——应变计敏感栅材料的电阻温度系数。

(2) 由于敏感栅材料与试件材料的线膨胀系数不同,使敏感栅产生了附加变形

当温度变化时,牢固粘贴在试件上的应变计与试件在长度方向上会发生变化,由于试件材料与电阻应变计敏感栅材料的线膨胀系数不同,将产生附加应变,由于膨胀系数不同而产生热输出为:

$$\varepsilon_{t\beta} = \frac{\Delta R_{t\beta}/R_0}{K_S} = (\beta_{试样} - \beta_{敏感栅})\Delta t \tag{4.2}$$

式中:$\beta_{试样}$——试样的线膨胀系数;

$\beta_{敏感栅}$——敏感栅的线膨胀系数。

这样温度变化而引起电阻应变计总的虚假应变量(热输出)为:

$$\varepsilon_t = \alpha \frac{\Delta t}{K_S} + (\beta_{试样} - \beta_{敏感栅})\Delta t \tag{4.3}$$

这个温度引起的应变测量误差(热输出)除与环境温度变化有关外,还与电阻应变计本身的性能参数(K_S、α、$\beta_{敏感栅}$)以及试件的线膨胀系数 $\beta_{试样}$ 有关。由于这些因素实际上难以准确测量,同时热输出还与其他因素有关,例如粘贴应变计的工艺,所以一般采用实验的方法测定应变计热输出曲线。

4.4　实验步骤

(1) 准备试样,打磨表面粗糙度应达 $\overset{3.2}{\bigtriangledown}$ 左右,有 45°交叉纹,用酒精(或丙酮等)进行清洗。

(2) 将待用的电阻应变计分别粘贴在不锈钢、钢材、铝、石英玻璃等试样上,焊接好导线接至应变仪工作测试桥臂。

(3) 将试样放入加温设备内,补偿片置于室温环境下(温度不变化)。

(4) 将电阻应变仪调节至零,加温设备缓慢升温,每隔 5 ℃测量一次读数,测量至 80 ℃;

(5) 绘制热输出曲线,计算平均热输出系数。

4.5　思考题

(1) 在电阻应变计的热输出实验中,是否考虑了导线因素的影响?

(2) 如何消除导线对电阻应变计的热输出的影响?

(3) 为什么同一性能参数(同一批次)的电阻应变计粘贴在不同的材料上的热输出不相同?

(4) 二臂三线制接线法与二臂常规接线法有何不同?主要区别在哪里?

(5) 某钢结构工程采用电阻应变计试测技术进行检测,当环境温度变化 10 ℃时,请用你的实验结果给出电阻应变计的虚假输出(热输出)可能是多少?

实验 5　电阻应变计测量原理实验

5.1　实验目的

(1) 掌握电阻应变计测量应变的原理。
(2) 了解电阻应变仪的工作原理,掌握电阻应变仪的操作方法。
(3) 熟悉测量电桥的应用,掌握在测量电桥中的各种接线方法。

5.2　实验设备

等强度梁实验装置;数字式电阻应变仪。

5.3　实验装置及原理

5.3.1　电阻应变计的工作原理

电阻应变计习惯称为电阻应变片,是最常用的力学量传感元件。用应变片测试时,应变片要牢固地粘贴在测试体表面。当测件受力而发生变形时,应变片的敏感栅随同变形,其电阻值也相应发生变化,这种现象称为**金属的电阻应变效应**。通过测量电路将其转换成电信号输出。长度为 l、截面积为 S、电阻率为 ρ 的匀质金属丝,其电阻值为 $R=\rho l/S$,等式两边取微分,得:

$$\frac{\mathrm{d}R}{R}=\frac{\mathrm{d}\rho}{\rho}+\frac{\mathrm{d}l}{l}-\frac{\mathrm{d}S}{S} \tag{5.1}$$

式中:$\frac{\mathrm{d}R}{R}$——电阻的相对变化;

$\frac{\mathrm{d}\rho}{\rho}$——电阻率的相对变化;

$\frac{\mathrm{d}l}{l}$——金属丝长度相对变化,且 $\varepsilon=\mathrm{d}l/l$ 称为金属丝长度方向上的应变或轴向应变;

$\frac{\mathrm{d}S}{S}$——截面积的相对变化。

若金属丝的直径为 D, $\frac{\mathrm{d}S}{S}=2\frac{\mathrm{d}D}{D}=2(-\mu\mathrm{d}l/l)=-2\mu\varepsilon$,则有:

$$\frac{\mathrm{d}R}{R}=\frac{\mathrm{d}\rho}{\rho}+(1+2\mu)\frac{\mathrm{d}l}{l} \tag{5.2}$$

上式表明，金属丝受力变形后，由于其几何尺寸和电阻率发生变化，从而使其电阻随之发生变化。可以设想：若将一根金属丝粘贴在构件表面上，当构件变形后，金属丝也将随之变形，利用金属丝的应变-电阻效应就可以将构件表面的应变量转化为电阻的相对变化量。电阻应变计就是利用该原理制成的应变敏感元件。试验表明，金属丝电阻的相对变化与金属丝在弹性范围内应变量之间存在线性关系。

若令 $K_S = \frac{dR}{R} \cdot \frac{1}{\varepsilon} = \frac{d\rho}{\rho} \cdot \frac{1}{\varepsilon} + (1 + 2\mu)$，则有：

$$\frac{dR}{R} = K_S \varepsilon \tag{5.3}$$

比例系数 K_S 称为应变计的**灵敏系数**（单位应变引起的电阻相对变化），它表明应变计对承受的应变量的灵敏程度。这一系数不仅与敏感栅材料的泊松比有关，并且与敏感栅变形后电阻率的相对变化有关。

5.3.2　测量电桥的基本特性

惠斯登电桥是最常用的非电量测量电路之一，习惯称为测量电桥，如图 5.1 所示。测量电桥以电阻应变计作为桥臂组成电桥电路，将应变计的电阻变化转化为电压或电流信号。

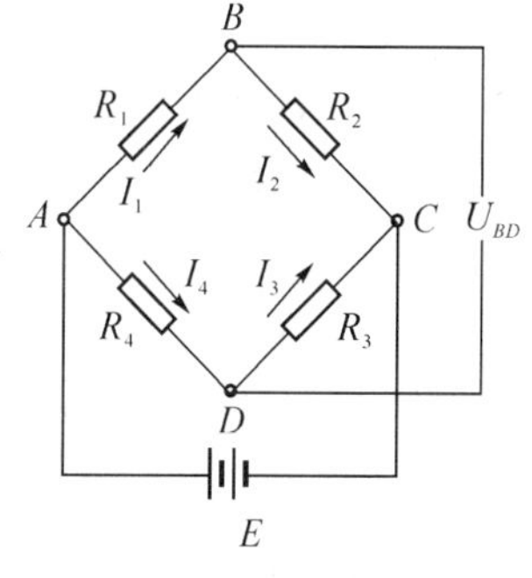

图 5.1　惠斯登电桥

ABC 间流过的电流为：

$$I_1 = \frac{U_{AC}}{R_1 + R_2}$$

由此得到 R_1 两端的电压降为：

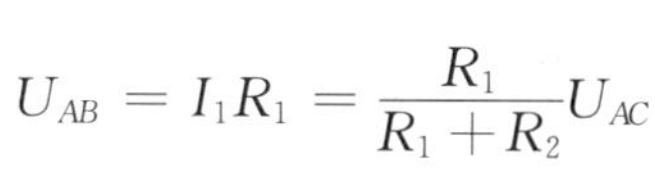

$$U_{AB} = I_1 R_1 = \frac{R_1}{R_1 + R_2} U_{AC}$$

同理 R_4 两端的电压降为：

$$U_{AD} = \frac{R_4}{R_3 + R_4} U_{AC}$$

可以得到电桥输出电压为：

$$U_{BD} = U_{AB} - U_{AD} = \frac{R_1}{R_1 + R_2} U_{AC} - \frac{R_4}{R_3 + R_4} U_{AC}$$

$$U_{BD} = \frac{R_1 R_3 - R_2 R_4}{(R_1 + R_2)(R_3 + R_4)} E \tag{5.4}$$

由上式可知，要使电桥平衡，应使电桥输出电压 U_{BD} 为零，则桥臂电阻必须满足：

$$R_1 R_3 = R_2 R_4 \tag{5.5}$$

当各桥臂电阻发生变化时，电桥就有输出电压。设各桥臂电阻相应发生了 ΔR_1、ΔR_2、ΔR_3、ΔR_4 的变化，则由公式(5.4)得到电桥的输出电压为：

$$U_{BD}=\frac{(R_1+\Delta R_1)(R_3+\Delta R_3)-(R_2+\Delta R_2)(R_4+\Delta R_4)}{(R_1+\Delta R_1+R_2+\Delta R_2)(R_3+\Delta R_3+R_4+\Delta R_4)}E \tag{5.6}$$

将公式(5.5)代入上式，由于 $\Delta R_i \ll R_i$，可略去高阶微量。故可得：

$$U_{BD}=\frac{R_1R_3}{(R_1+R_2)(R_3+R_4)}\left(\frac{\Delta R_1}{R_1}-\frac{\Delta R_2}{R_2}+\frac{\Delta R_3}{R_3}-\frac{\Delta R_4}{R_4}\right)E \tag{5.7}$$

公式(5.6)(5.7)分别是电桥输出电压的精确计算公式和近似计算公式。

若电桥的四个桥臂上均为应变计，且假设阻值相等，即 $R_1=R_2=R_3=R_4=R$，则公式(5.7)为：

$$U_{BD}=\frac{E}{4}\left(\frac{\Delta R_1}{R_1}-\frac{\Delta R_2}{R_2}+\frac{\Delta R_3}{R_3}-\frac{\Delta R_4}{R_4}\right) \tag{5.8}$$

如果电阻应变计的灵敏系数 K_S 相同，将 $\Delta R/R=K_S\varepsilon$ 代入公式(5.8)，便可得到电桥的输出电压：

$$U_{BD}=\frac{EK_S}{4}(\varepsilon_1-\varepsilon_2+\varepsilon_3-\varepsilon_4) \tag{5.9}$$

式中：ε_1 为 AB 桥臂应变计感受的应变；

ε_2 为 BC 桥臂应变计感受的应变；

ε_3 为 CD 桥臂应变计感受的应变；

ε_4 为 DA 桥臂应变计感受的应变。

应变仪上的读数通常对应于读数应变 ε_d，而不是电桥电压输出 U_{BD}，因此上式可变为：

$$\varepsilon_d=\varepsilon_1-\varepsilon_2+\varepsilon_3-\varepsilon_4 \tag{5.10}$$

由上式可见，测量电桥有如下特性：

(1) 两相邻桥臂上应变计所感受的应变，代数值相减；

(2) 两相对桥臂上应变计所感受的应变，代数值相加。

在应变电测中，合理地、巧妙地利用测量电桥的特性，可以实现如下测量：

(1) 消除测量时环境温度变化引起的误差；

(2) 增大应变读数，提高测试灵敏度；

(3) 通过合理的组桥方法，可以测出复杂受力杆件中的某一内力分量。

应用公式(5.10)时应注意，应变仪上的灵敏系数设置与应变计的灵敏系数一致时，测量得到读数应变 ε_d 即为被测件表面的应变，若两者不一致，则需要进行修正，修正公式为：

$$\varepsilon=\frac{K_{仪}}{K_S}\varepsilon_d \tag{5.11}$$

式中：ε——被测件表面应变；

$K_{仪}$——应变仪灵敏系数；

K_S——应变计灵敏系数。

5.3.3 电阻应变计在测量电桥中的接线方法

应变计在测量电桥中有各种接法。实际测量时，根据电桥基本特性和不同的使用情况，采用不同的接线方法，以达到以下目的：①实现温度补偿；②从受力复杂的构件中测出所需要的某一应变分量；③提高被测物体应变的读数，提高测量的灵敏度。为了达到上述目的，需要充分利用电桥的基本特性，精心设计应变计在电桥中的接法。

在测量电桥中，根据不同的使用情况，各桥臂的电阻可以部分或全部是应变计。测量时，应变计在电桥中，常采用以下几种接线方法：

1）单臂接线法

若在测量电桥的桥臂 AB 上接电阻应变计，而另外三个桥臂 BC、CD 和 DA 接固定的标准电阻，则称为单臂接线法（常称为 1/4 桥），见图 5.2。此接法无温度补偿作用，仅仅适用于瞬态信号的测试。

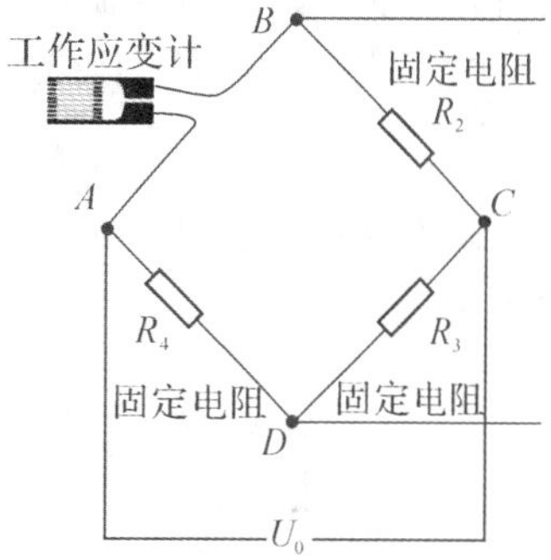

图 5.2　单臂接线法（1/4 桥）

2）半桥接线法

测量电桥中 R_1、R_2 两桥臂电阻为电阻应变计，R_3、R_4 两桥臂电阻为固定电阻，该连接方式称为半桥接线法。

（1）单臂半桥接线法

在构件被测点处粘贴电阻应变计，称工作应变计（简称工作片），接入电桥的 AB 桥臂；另外在补偿块上粘贴一个与工作应变计规格相同的电阻应变计，称温度补偿应变计（简称补偿片），接入电桥的 BC 桥臂；在电桥的 CD 和 DA 桥臂上接入固定电阻（或者为标准电阻）。这种接线方法称为单臂半桥接线法（常称为半桥外补偿法），见图 5.3。

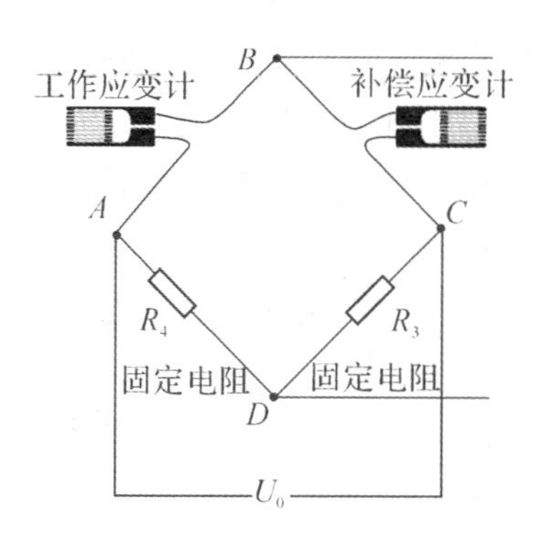

图 5.3　单臂半桥接线法

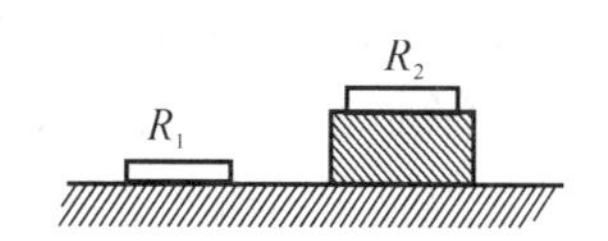

图 5.4　温度补偿

粘贴在被测件上的电阻应变计，其敏感栅的电阻值一方面随被测件的应变而变化，另一方面，当环境温度变化时，敏感栅的电阻值还将随温度改变而变化，同时，由于敏感栅材料和被测件材料的线膨胀系数不同，敏感栅有被迫拉长或缩短的趋势，也会使其电阻值发生变化。这样，通过应变片测量出的应变值中包含了环境温度变化而引起的应变，造成测量误差。因此需要准备一个材料与被测构件相同且不受外力的补偿块，在其上粘贴温度补偿片，使补偿片与工作片处于同一温度场中，以消除环境温度变化而引起的应变测量误差见图 5.4。需要注意的是，温度补偿片应满足下四个条件：

①AB 桥臂和 BC 桥臂上的应变计必须属于同一批号的，即它们的电阻值、电阻温度系数 α、线膨胀系数 β、应变灵敏系数 K_s 都相同；

②用于粘贴补偿片的补偿块和粘贴工作片的试件的材料必须相同，并且不受外力作用；

③两个应变计处于同一温度环境中；

④两个应变计粘贴的工艺要相同。

在应变测量过程中，工作片直接感受构件受力后的应变 ε 和环境温度变化产生的应变 ε_t；补偿片将只感受环境温度变化产生的应变 ε_t。

由公式(5.10)可得读数应变：

$$\varepsilon_d = \varepsilon_1 - \varepsilon_2 = \varepsilon + \varepsilon_t - \varepsilon_t = \varepsilon$$

读数应变等于构件上被测点的应变 ε，该接线方法实现了消除环境温度变化引起的应变读数误差。

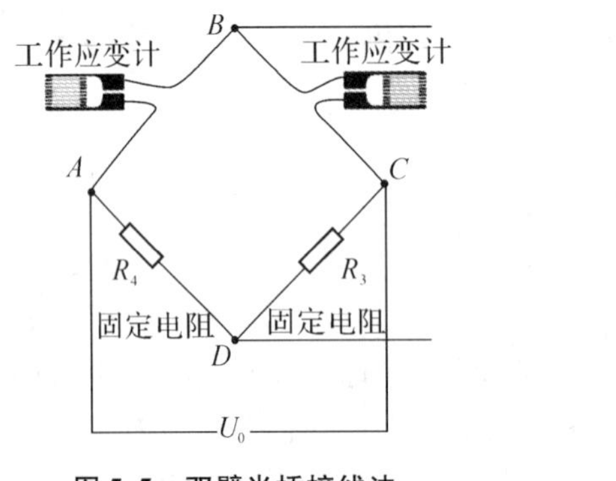

图 5.5　双臂半桥接线法

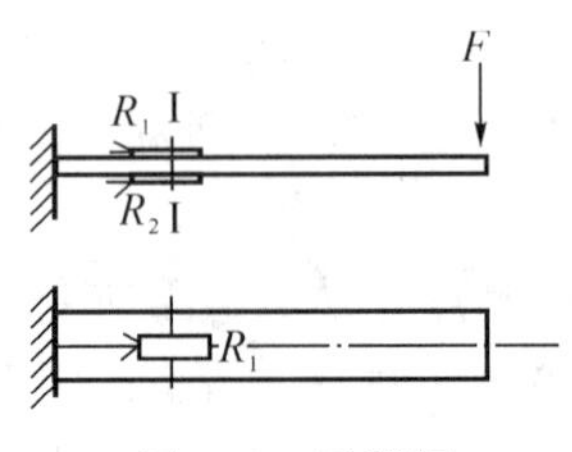

图 5.6　悬臂梁

(2) 双臂半桥接线法

接入 AB 桥臂和 BC 桥臂电阻应变计均为工作应变计，均粘贴在被测试样上，见图 5.5。当试件受力且测点环境温度变化时，每个应变计的应变中都包含外力和温度变化引起的应变，根据电桥基本特性，在应变仪的读数应变中能消除温度变化所引起的应变，从而得到所需测量的应变，这种方法叫**工作片补偿法**(常称为半桥自补偿法)。应用双臂半桥接线法，一方面可消除环境温度变化引起的误差，另一方面还可以增加读数应变，提高测量灵敏度。

如图 5.6 所示一悬臂梁，在 Ⅰ-Ⅰ 截面上、下表面各粘贴一片应变计。在 F 力作用下，Ⅰ-Ⅰ 截面上、下表面的应变 ε 大小相等，符号相反。用双臂半桥接线法，两桥臂的应变计感受梁在 F 力作用下的应变 ε 和环境温度变化产生的应变 ε_t，分别为：

$$\varepsilon_1 = \varepsilon + \varepsilon_t, \varepsilon_2 = -\varepsilon + \varepsilon_t$$

由公式(5.10)得读数应变 ε_d 为：

$$\varepsilon_d = \varepsilon_1 - \varepsilon_2 = \varepsilon + \varepsilon_t - (-\varepsilon + \varepsilon_t) = 2\varepsilon$$

读数应变 ε_d 是悬臂梁 Ⅰ-Ⅰ 截面处应变的两倍。所以，双臂半桥接线法消除了环境温度变化引起的误差，也增加了读数应变，提高了测量灵敏度。

3) 全桥接线法

在测量电桥的四个桥臂上全部接电阻应变计，称为全桥接线法，见图 5.7 和 5.8。根据四个应变计工作情况的不同，又分为对臂全桥接线法和四臂全桥接线法。

(1) 对臂全桥接线法

测量电桥中 R_1、R_2、R_3、R_4 四桥臂应变计中 R_1、R_3 为工作应变计，R_2、R_4 为补偿应变

计，即 R_1、R_3 应变计粘贴在被测构件上，R_2、R_4 应变计粘贴在补偿块上（反之 R_2、R_4 作为工作应变计，R_1、R_3 应变计作为补偿应变计也可以）。

如图 5.7(a)所示等强度梁，要测定在力 F 作用下等强度梁上产生的轴向应变 ε_F。

在等强度梁上同一截面的正、反两面各粘贴一片轴向应变计，同时在与等强度梁相同材料的补偿块上也粘贴两片应变片，见图 5.7(b)，并用对臂全桥接线法组成图 5.7(c)所示测量电桥。四桥臂应变计感受的应变分别为：

$$\varepsilon_1 = \varepsilon_3 = \varepsilon_F + \varepsilon_t, \varepsilon_2 = \varepsilon_4 = \varepsilon_t$$

由公式(5.10)可得读数应变 ε_d 为：

$$\varepsilon_d = \varepsilon_1 - \varepsilon_2 + \varepsilon_3 - \varepsilon_4 = (\varepsilon_F + \varepsilon_t) - \varepsilon_t + (\varepsilon_F + \varepsilon_t) - \varepsilon_t = 2\varepsilon_F$$

此时等强度梁的轴向应变 $\varepsilon_F = \dfrac{1}{2}\varepsilon_d$。

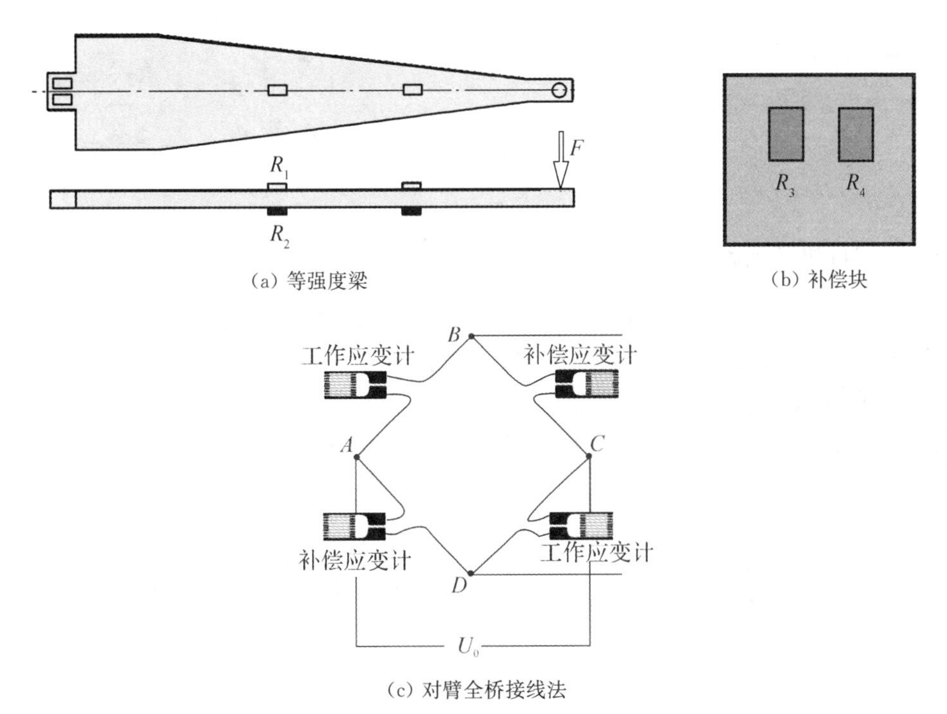

(a) 等强度梁　(b) 补偿块

(c) 对臂全桥接线法

图 5.7　对臂全桥接线法

(2) 四臂全桥接线法

测量电桥中 R_1、R_2、R_3、R_4 四桥臂应变计均为工作应变计。

仍以测量图 5.8 所示等强度梁在 F 作用下的轴向应变 ε_F 为例。在等强度梁的两个截面正、反两面，沿轴线方向粘贴应变计，见图 5.8，并用四臂全桥接线法组成图 5.8 测量电路。四桥臂应变计感受的应变分别为：

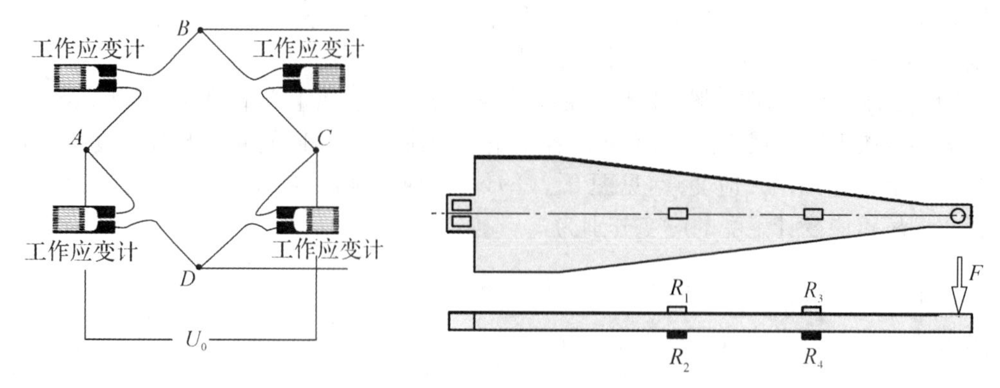

图 5.8　四臂全桥接线法

$$\varepsilon_1=\varepsilon_3=\varepsilon_F+\varepsilon_t$$
$$\varepsilon_2=\varepsilon_4=-\varepsilon_F+\varepsilon_t$$

由公式(5.10)可得读数应变 ε_d 为：

$$\begin{aligned}\varepsilon_d&=\varepsilon_1-\varepsilon_2+\varepsilon_3-\varepsilon_4\\&=(\varepsilon_F+\varepsilon_t)-(-\varepsilon_F+\varepsilon_t)+(\varepsilon_F+\varepsilon_t)-(-\varepsilon_F+\varepsilon_t)\\&=4\varepsilon_F\end{aligned}$$

此时等强度梁的轴向应变 $\varepsilon_F=\dfrac{1}{4}\varepsilon_d$。

无论是对臂全桥接线法还是四臂全桥接线法组成的测量电桥，都消除了环境温度变化引起的误差，而且增加了读数应变，提高了测量灵敏度，最大放大倍数可以达到 4 倍。

4) 串并联接线法

在应变测量中，也可以将应变计串联或并联起来接入测量桥臂，如图 5.9 和图 5.10 所示。

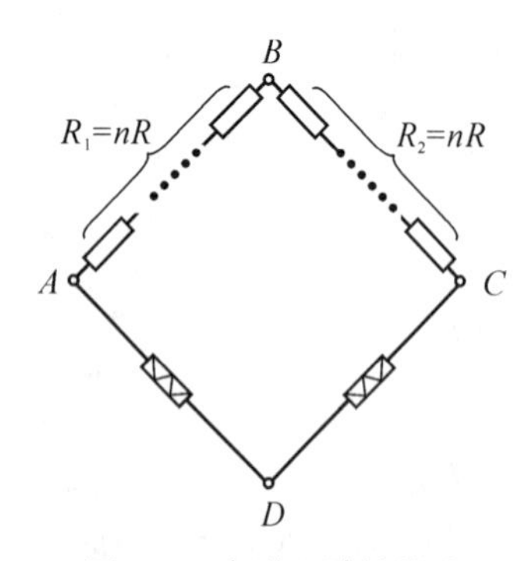

图 5.9　串联双臂接线法

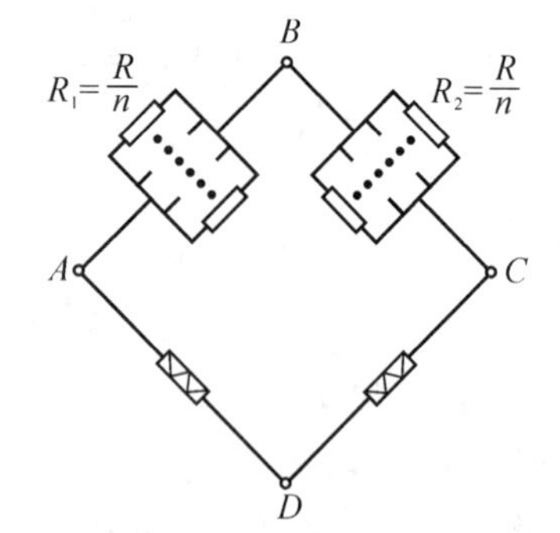

图 5.10　并联双臂接线法

(1) 串联时桥臂应变的计算

设 AB 桥臂中串联了 n 个阻值为 R 的电阻应变计，则该桥臂的总电阻阻值为 nR。当每个应变计的电阻变化为 $\Delta R_1'$、$\Delta R_2'$、…、$\Delta R_n'$时，则：

$$\varepsilon_1=\frac{1}{K}\frac{\Delta R}{R}=\frac{1}{K}\left(\frac{\Delta R_1'+\Delta R_2'+\cdots+\Delta R_n'}{nR}\right)\tag{5.12}$$

$$\varepsilon_1 = \frac{1}{n}(\varepsilon_1' + \varepsilon_2' + \cdots + \varepsilon_n') \tag{5.13}$$

串联后桥臂感受的应变为各个应变计感受应变的算术平均值。当每个桥臂中串联的各个应变计感受的应变相同时，即 $\varepsilon_1' = \varepsilon_2' = \cdots = \varepsilon_n' = \varepsilon'$ 时，则：

$$\varepsilon_1 = \varepsilon'$$

这说明串联接线不会增加读数应变，不能提高测量灵敏度。

(2) 并联时桥臂应变的计算

先推导并联电阻的变化与等效电阻变化的关系，以及单个电阻应变计的应变变化与等效电阻的等效应变变化的关系。

设 n 个电阻 R_1、R_2、…、R_n 并联，其等效电阻为 R，则有：

$$\frac{1}{R} = \frac{1}{R_1} + \frac{1}{R_2} + \cdots + \frac{1}{R_n}$$

等式两边同时取全微分，有：

$$-\frac{1}{R^2}\mathrm{d}R = -\frac{1}{R_1^2}\mathrm{d}R_1 - \frac{1}{R_2^2}\mathrm{d}R_2 - \cdots - \frac{1}{R_n^2}\mathrm{d}R_n$$

如果 R_1、R_2、…、R_n 都等于 R_0，则等效电阻 $R=R_0/n$，有：

$$\frac{1}{(R_0/n)^2}\mathrm{d}R = \frac{1}{R_0^2}\mathrm{d}R_1 + \frac{1}{R_0^2}\mathrm{d}R_2 + \cdots + \frac{1}{R_0^2}\mathrm{d}R_n$$

整理得：

$$\mathrm{d}R = \frac{1}{n^2}(\mathrm{d}R_1 + \mathrm{d}R_2 + \cdots + \mathrm{d}R_n)$$

$$\frac{\mathrm{d}R}{R} = \frac{1}{R_0/n}\mathrm{d}R = \frac{1}{n}\left(\frac{\mathrm{d}R_1}{R_0} + \frac{\mathrm{d}R_2}{R_0} + \cdots + \frac{\mathrm{d}R_n}{R_0}\right) \tag{5.14}$$

所以：

$$\varepsilon_1 = \frac{1}{K}\frac{\Delta R}{R} = \frac{1}{n}(\varepsilon_1 + \varepsilon_2 + \cdots + \varepsilon_n) \tag{5.15}$$

可见，阻值相同的应变计并联时，总等效电阻的等效应变为各个应变计应变变化的平均值。

所以，并联接线也不能提高读数应变，不能提高测量灵敏度。

通过对以上各种接线方式的分析可以看出，采用不同的接桥方式，所得的读数应变是不同的，即电桥的测量灵敏度是不同的。因此，测量电桥实际应用时，应根据具体情况灵活应用。

5.3.4　等强度梁

等强度梁如图 5.11 所示，梁的外形为等腰三角形，集中力 F 作用在三角形顶点。梁各横截面的最大正应力是相等的，因此称为等应力梁，因此梁上、下表面上各点的沿着轴线方向的应变也相等，其应变为：

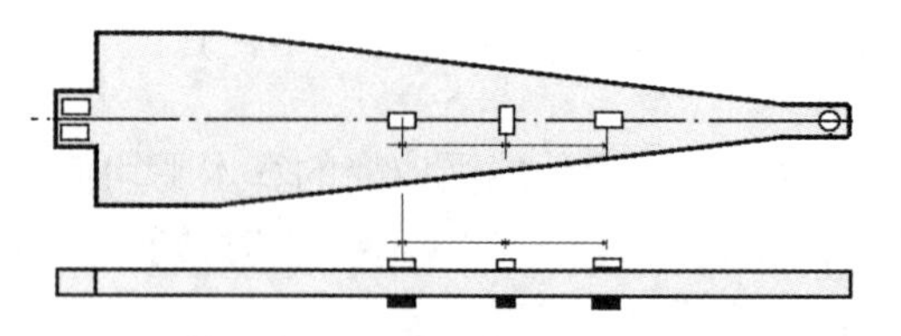

图 5.11　等强度梁及电阻应变计贴片位置示意图

$$\varepsilon = \frac{\sigma}{E} = \frac{6Fl}{Eb_0t^2} \tag{5.16}$$

式中:F 为荷载,l 为梁的长度,b_0 为梁固定端处的宽度,t 为梁的厚度,E 为等强度梁材料的弹性模量。

在等强度梁上、下表面分别粘贴 3 个应变计,共 6 个应变计;其中 4 个沿梁的轴线方向粘贴,中间 2 个垂直于梁的轴线方向粘贴。根据等强度梁的特性,4 个沿轴线方向粘贴应变计的读数绝对值应相同,符号根据贴片的位置确定。2 个垂直于梁的轴线方向粘贴应变计的读数绝对值也相同,但与沿梁的轴线方向粘贴应变计的读数相比是不同的,两者绝对值之间的比值应是材料的横向变形系数(泊松比)。6 个应变计可以按不同的接线方法进行组合,不同的组合产生的应变读数可能不同,也可能相同,需要自行设计。通过设计不同接线方法,掌握各种电桥接线方法应变输出的规律。

5.4　实验步骤

(1) 记录试件编号、尺寸和参数。

(2) 选择合适接线方案,一般选择单臂半桥接线法、双臂半桥接线法、四臂全桥接线法。

(3) 根据选定接线方案,绘制接线电路简图,计算输出应变。

(4) 检查接线、试加载,检查仪器工作是否正常。

(5) 正式加载前,记录下电阻应变仪的初始读数或将读数调零。

(6) 每加载一次记录一次应变仪的读数,每个接线方案测试至少重复 3 次。

(7) 加载完成后整理和检查数据。

(8) 关闭电源,拆下导线并整理设备。

5.5　实验结果处理

(1) 数据处理,计算出以上各种测量方法下,ΔF 所引起的应变的平均值 $\Delta\varepsilon_d$,并计算它们与理论值的相对误差。

(2) 比较各种测量接线法电路的测量输出应变的关系,并分析各种测量方法中温度补偿的实现方法。

(3) 对几组实验数据求平均值、标准差与不确定度。

5.6　思考题

(1) 试述电阻应变计的工作原理。

(2) 什么是应变计的灵敏系数？怎样进行标定？

(3) 用加长或增加栅线数的方法改变应变计敏感栅的电阻值，是否能改变应变计的灵敏系数？为什么？

(4) 应变计测量的应变是下述三种情况中的哪一种？

①栅长中心点处的应变；②栅长长度内的平均应变；③栅长两端点处的平均应变。

(5) 有一粘贴在简单拉伸试件上的应变计，其阻值为 120 Ω，灵敏系数 $K=2.12$。问试件上应变读数为 +1 000 $\mu\varepsilon$ 时，应变计的阻值是多少？如果试件上应变读数为 −1 000 $\mu\varepsilon$ 时，应变计的阻值又是多少？

(6) 电阻应变计达到完全补偿的必要条件有哪些？测量电桥的特性有哪些？试述测试误差与接线方法的关系。

(7) 分析各种测量接线法中温度补偿的实现方法。

(8) 采用串联或并联接线法能否提高测量灵敏度？

(9) 应变仪设置的灵敏系数 $K_{仪}$ 和应变计的灵敏系数 $K_{片}$ 不一致时，应变数据如何修正？

实验 6　金属材料弹性模量和泊松比实验

6.1　实验目的

(1) 测定材料的弹性模量 E 及泊松比 μ；

(2) 验证胡克定律。

6.2　实验设备

Instron 3367 电子材料试验机或简易拉压装置；静态电阻应变仪；游标卡尺。

6.3　试样

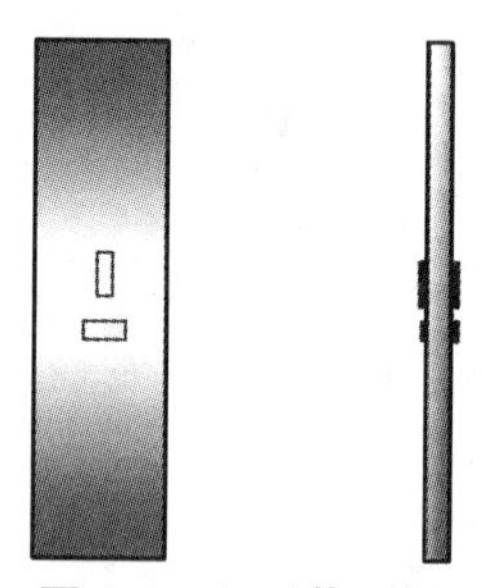

图 6.1　矩形截面板式拉伸试件

试样采用矩形截面板式拉伸试件，试样如图 6.1 所示。为了消除偏心拉伸带来的弯曲的影响，保证实验数据的准确性，在试件两面粘贴电阻应变计。

6.4　实验原理

金属材料弹性常数主要指材料的弹性模量 E 和泊松比 μ。按 GB/T 22315—2008 规定，对于非线性弹性状态的金属材料，一般测定弦线模量 E_{ch} 或切线模量 E_{tan}。弦线模量是在弹性范围内，轴向应力-轴向应变曲线上任两规定点之间弦线的斜率；切线模量是在弹性范围内，轴向应力-轴向应变曲线上任一规定应力或应变值处的斜率。对于线性弹性状态的金属材料，弹性模量(标准称为杨氏模量)是在轴向应力与轴向应变线性比例关系范围内，轴向应力与轴向应变的比值。

材料在受拉伸或压缩时，不仅沿轴向发生轴向变形，在其横向也同时发生缩短或增大的横向变形。在线性弹性变形范围内，横向应变 ε_t 和轴向应变 ε_l 成正比关系，这一比值称为材料的横向变形系数(泊松比)，一般以 μ 表示，即：

$$\mu = \left|\frac{\varepsilon_t}{\varepsilon_l}\right| \tag{6.1}$$

实验时，如同时测出纵向应变和横向应变，则可由上式计算出泊松比 μ。

按 GB/T 22315—2008 规定，弹性模量 E 和泊松比 μ 测定均可采用图解法和拟合法。本教材主要按拟合法进行讲述。

6.4.1　弹性模量 E 测定

GB/T 22315—2008 规定，试验时，在弹性范围内记录轴向力和与其相应的轴向变形的一组数字数据对。数据对的数目一般不少于 8 对。用最小二乘法将数据对拟合轴向应力-轴向应变直线，拟合直线的斜率即为弹性模量，即：

$$E = \frac{k\sum_{i=1}^{k}\sigma_i\varepsilon_i - \sum_{i=1}^{k}\sigma_i\sum_{i=1}^{k}\varepsilon_i}{k\sum_{i=1}^{k}\varepsilon_i^2 - \left(\sum_{i=1}^{k}\varepsilon_i\right)^2} \tag{6.2}$$

式中：σ_i 为轴向应力，ε_i 为轴向应变，k 为数据对数目。

如无其他要求，按下式计算拟合直线斜率变异系数 v_1，其值在 2%以内，所得弹性模量为有效。

$$v_1 = \sqrt{\left(\frac{1}{\gamma^2} - 1\right)(k-2)} \times 100\% \tag{6.3}$$

式中：γ 为相关系数，$\gamma^2 = \dfrac{\left[\sum\varepsilon_i\sigma_i - \dfrac{\sum\varepsilon_i\sum\sigma_i}{k}\right]^2}{\left[\sum\varepsilon_i^2 - \dfrac{(\sum\varepsilon_i)^2}{k}\right]\cdot\left[\sum\sigma_i^2 - \dfrac{(\sum\sigma_i)^2}{k}\right]}$。

6.4.2　泊松比 μ 测定

GB/T 22315—2008 规定，试验时，在弹性范围内，同一轴向力下记录横向变形和轴向变形的一组数字数据对。数据对的数目一般不少于 8 对。用最小二乘法将数据对拟合横向应变-轴向应变直线，直线的斜率即为泊松比，即：

$$\mu = \frac{\sum(\varepsilon_l\varepsilon_t) - k\bar{\varepsilon}_l\bar{\varepsilon}_t}{\sum\varepsilon_l^2 - k\bar{\varepsilon}_l^2} \tag{6.4}$$

式中：e_l 为轴向应变，$\bar{e}_l = \dfrac{\sum e_l}{k}$，$e_t$ 为横向应变，$\bar{e}_t = \dfrac{\sum e_t}{k}$，$k$ 为数据对数目。

如果分别记录横向应变-轴向力和轴向应变-轴向力的两组数字数据对，则应用最小二乘法将每组数据对拟合横向应变-轴向力和轴向应变-轴向力直线，并计算拟合直线斜率。前者斜率与后者斜率之比即为泊松比。

按下式计算拟合直线斜率变异系数 v_1，其值在 2%以内，所得泊松比为有效。

$$v_1 = \sqrt{\left(\frac{1}{\gamma^2} - 1\right)(k-2)} \times 100\% \tag{6.5}$$

式中：$\gamma^2 = \dfrac{\left[\sum(e_le_t) - \dfrac{\sum e_l\sum e_t}{k}\right]^2}{\left[\sum e_l^2 - \dfrac{\left(\sum e_l\right)^2}{k}\right]\cdot\left[\sum e_t^2 - \dfrac{\left(\sum e_t\right)^2}{k}\right]}$，$\gamma$ 为相关系数。

6.5 实验步骤

（1）在测试前应拟定好加载方案

实验中的最大荷载要根据材料的弹性比例极限和加载设备的最大量程确定。在通常情况下，实验时试样的最大应力不能超过试样材料的弹性比例极限，一般取金属材料下屈服强度 R_{el} 的 80% 或者规定塑性延伸强度 $R_{p0.2}$ 的 80%，则实验时的最大荷载 $F_{max}=0.8S_o R_{eL}$。同时应考虑加载设备的最大量程，取两者的最小值作为实验中的最大荷载。再根据该最大荷载确定每级加载的大小，加载级数一般不少于 8 级。

（2）测量试样截面积尺寸

圆形试样的原始横截面积：在试样的两端及中间处相互垂直的方向上测量直径，各取其算术平均值按 $S_o=\frac{1}{4}\pi d_o^2$ 计算横截面积，将 3 处测得的横截面积的算术平均值作为试样原始横截面积并至少保留 4 位有效数字。矩形试样的原始横截面积：在试样的两端及中间处测量厚度与宽度，按 $S_o=a_o b_o$ 计算横截面积，将 3 处测得的横截面积的算术平均值作为试样原始横截面积并至少保留 4 位有效数字。

（3）打开试验机软件，完成相应的参数输入工作。

（4）安装试样，注意加持长度不应小于夹具最大夹持长度的 90%。

（5）按单臂半桥接线方法，将电阻应变计导线接至电阻应变仪。

（6）检查试样上的电阻应变计工作是否正常。

（7）在教师检查确认后，启动试验机或拉压加载装置，独立完成实验数据的记录。

（8）实验完成后，整理环境。

6.6 思考题

（1）怎样验证胡克定律？

（2）为何沿试件纵向轴线方向两面粘贴电阻应变计？

（3）如何提高弹性模量和泊松比的测试精度？

（4）采用电阻应变计贴片法测量弹性模量应如何测量试样尺寸？

（5）实验中为何要设置初始荷载？

（6）除了本次实验测量弹性模量的方法，还有什么其他方法？

实验 7　弯曲正应力分布实验

7.1　实验目的

(1) 测定梁纯弯曲时的正应力分布规律，并与理论计算结果进行比较。

(2) 熟练应用电测的基本方法进行应变测试。

7.2　实验设备

(1) 纯弯曲梁实验装置。

(2) 静态电阻应变仪。

(3) 矩形截面梁。

7.3　实验原理

试样采用低碳钢制成的矩形截面梁，加载方式如图 7.1 所示。在梁 AB 承受纯弯曲变形的 CD 的某一截面上，根据梁的高度 h，每隔 $h/4$ 贴上平行于轴线方向电阻应变计。其中 R_6 和 R_7 分别贴在梁的上、下边缘，R_8 在梁的底部沿垂直轴线方向粘贴，R_2、R_3 分别粘贴在上、下 $h/4$ 的位置，R_1 粘贴在 $h/2$ 的位置上。当梁弯曲时，即可测出各点处的轴向应变 $\varepsilon_{i实}$(i=1、2、3、4、5、6、7、8)。由于梁的各层纤维之间无挤压，根据单向应力状态的胡克定律，求出各点的实验应力为：

$$\sigma_{i实} = E \cdot \varepsilon_{i实} (i = 1、2、3、4、5、6、7、8)$$

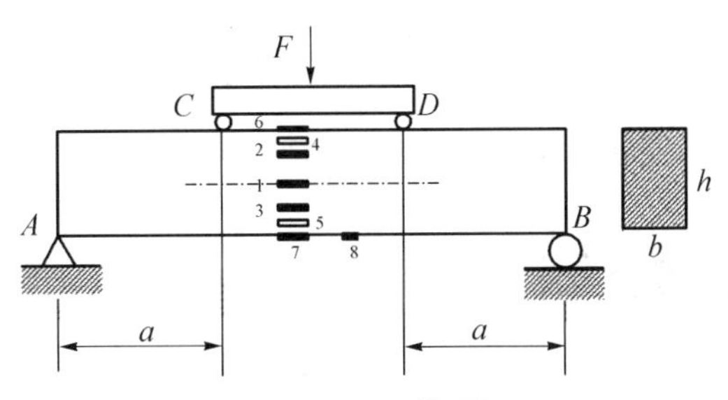

图 7.1　矩形截面梁

梁纯弯曲时的正应力公式为：

$$\sigma = \frac{M \cdot y}{I_z} \tag{7.1}$$

实验采用增量法加载。根据钢梁的强度和力传感器的量程估算最大实验荷载 F_{max}。根据钢梁的强度计算，F_{max} 应按钢梁最大弯曲正应力与钢梁材料的许用应力进行校核，即 $F_{max} \leqslant \frac{bh^2}{3a}[\sigma]$；再根据力传感器的量程考虑，一般按力传感器的标称最大承受荷载确定；最后取两者计算结果的较小值确定 F_{max}。选取适当的初荷载 F_0，一般为 F_{max} 的 10%左右。由 F_0 至 F_{max} 可分成四级或五级加载，每增加等量的载荷 ΔF，测得各点相应的应变增量为 $\Delta\varepsilon_{i实}$，求出 $\Delta\varepsilon_{i实}$ 的平均值 $\overline{\Delta\varepsilon}_{i实}$，依次求出各点的应力增量 $\Delta\sigma_{i实}$ 为：

$$\Delta\sigma_{i实} = E \cdot \overline{\Delta\varepsilon}_{i实} \tag{7.2}$$

根据公式(6.1)计算各点应力增量的理论值为：

$$\Delta\sigma_{i理} = \frac{\Delta M \cdot y_i}{I_z} \tag{7.3}$$

式中：$\Delta M = \frac{1}{2}\Delta F \cdot a$。

将 $\Delta\sigma_{i实}$ 的数据与 $\Delta\sigma_{i理}$ 的理论计算结果进行比较，验证理论公式的正确性。

根据 R_7 和 R_8 应变计测得的数据，计算横向变形系数为：

$$\mu = \frac{\Delta\varepsilon_8}{\Delta\varepsilon_7} \tag{7.4}$$

7.4 实验步骤

(1) 根据低碳钢的许用应力和力传感器的量程确定最大实验荷载，并根据该荷载确定每次加载的增量。

(2) 分别将各测点的工作应变计、补偿应变计接入电阻应变仪，预调平衡。

(3) 请指导教师检查后，开始预加载，检查加载设备和应变仪是否处于正常工作状态。

(4) 测试时要缓慢加载，记下每次荷载的增量 ΔF 和相应的应变增量 $\Delta\varepsilon$；注意应变是否按比例增长，每个测点加载后卸载，重复三次。重复加载中出现的误差大小，可表明测量的重复性，测试结果可靠程度。测完一点再换另一点，直至全部测完。

(5) 小心操作，应特别注意不要超载，最大荷载不得超过 5 kN。

(6) 实验结束后，应将导线从电阻应变仪上拆除，整理好放回原处。

7.5 实验结果的处理

(1) 根据实验数据，逐点算出应变增量平均值 $\overline{\Delta\varepsilon}_{i实}$，代入公式(7.2)求出 $\Delta\sigma_{i实}$。

(2) 根据公式(7.3)计算各点弯曲正应力的理论值 $\Delta\sigma_{i理}$。

(3) 实验值与理论值进行比较，计算相对误差。

(4) 绘制应变与梁高的分布曲线，验证是否存在中性轴，根据各点的应变数据计算中性轴位置；分析纯弯曲正应变分布是否满足平截面假定，由此推断当材料在线弹性范围时应力分布的情况。

(5) 根据公式(7.4)计算钢梁的横向变形系数 μ。

7.6 思考题

(1) 实验结果和理论计算是否一致？如不一致，其主要影响因素是什么？

(2) 弯曲正应力的大小是否受弹性模量 E 的影响，如果材料的拉伸时的 $E+$ 和压缩时的 $E-$ 不相同时又会怎样？

(3) 在增量法测量中，未考虑梁的自重，是不是应该考虑？还是忽略不计？

(4) 如果测量钢梁的横向变形系数 μ 非常接近钢梁的实际横向变形系数 0.28，这说明什么？

(5) 如何根据实验结果计算出实测中性轴的位置，中性轴是否一定过横截面的形心？

(6) 若低碳钢的许用应力 $[\sigma]=170$ MPa，则弯曲实验装置中的钢梁能承受的最大荷载是多少？为什么实验用的弯曲实验装置的最大荷载是 5 kN？

实验 8　薄壁圆管弯扭组合应力测定实验

8.1　实验目的

（1）用多轴应变计测定薄壁圆管在弯扭组合条件下一点处的主应力和主方向。

（2）测定薄壁圆管在弯扭组合条件下的弯矩、扭矩和剪力等内力。

（3）了解在组合变形情况下测量某一内力的方法。

8.2　实验设备

（1）静态电阻应变仪。

（2）薄壁圆管弯扭组合装置。

本次试验以铝合金薄壁圆筒 EC 为测试对象，圆筒一端固定，另一端连接与之垂直的伸臂 AC，通过旋转加力手柄施加集中荷载，由力传感器测出力的大小。荷载作用在伸臂外端，其作用点距圆筒形心为 b，圆筒在荷载 F 作用下发生扭弯组合变形。要测取圆筒上 B 截面处各测点的主应力大小和方向。试样弹性模量 $E=72$ GPa，泊松比 $\mu=0.33$，试样尺寸见表 8.1。

表 8.1　试样参数表

外径 D (mm)	内径 d (mm)	b (mm)	L (mm)
40	34	200	300

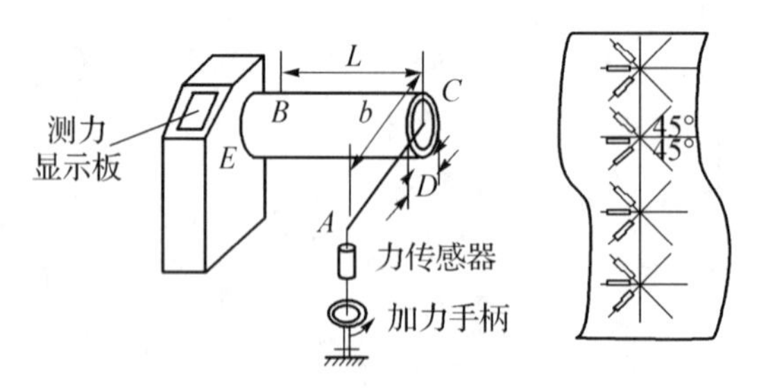

图 8.1　弯扭组合实验装置图

8.3　实验原理

8.3.1　确定主应力和主方向

平面应力状态下任一点的应力状态可以由三个应力分量确定。应用电阻应变仪及应变计可测得一点沿不同方向的三个应变值，例如图 8.2 所示的三个方向已知的应变 ε_a、ε_b 及 ε_c。根据这三个应变可以计算出主应变为 ε_1 及 ε_2 的大小和方向。根据广义胡克定律，主应力的方向亦可确定（与主应变方向重合）。

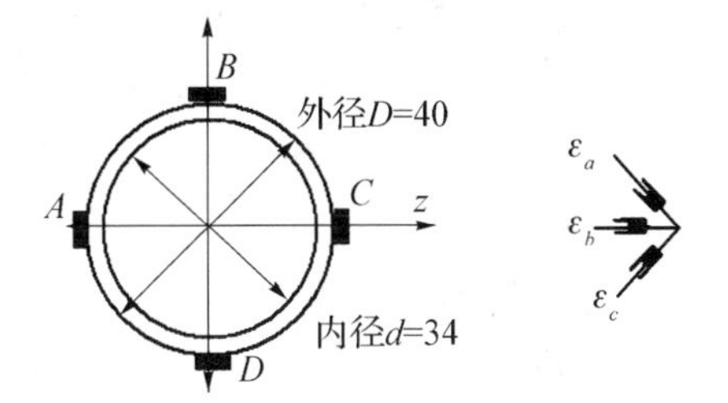

图 8.2　三个方向已知的应变 ε_a、ε_b 及 ε_c

弯扭组合下，圆管表面的点处于平面应力状态，根据应变分析，沿与 x 轴成 α 的方向的线应变为：

$$\varepsilon_\alpha = \frac{\varepsilon_x + \varepsilon_y}{2} + \frac{\varepsilon_x - \varepsilon_y}{2}\cos 2\alpha - \frac{1}{2}\gamma_{xy}\sin 2\alpha \tag{8.1}$$

主应变由下式计算：

$$\varepsilon_1 = \frac{\varepsilon_x + \varepsilon_y}{2} + \frac{1}{2}\sqrt{(\varepsilon_x - \varepsilon_y)^2 + \gamma_{xy}^2}$$

$$\varepsilon_2 = \frac{\varepsilon_x + \varepsilon_y}{2} - \frac{1}{2}\sqrt{(\varepsilon_x - \varepsilon_y)^2 + \gamma_{xy}^2} \tag{8.2}$$

两个互相垂直的主方向由下式确定：

$$\mathrm{tg}\ 2\alpha_0 = -\frac{\gamma_{xy}}{\varepsilon_x - \varepsilon_y} \tag{8.3}$$

把三个已知方向的应变 ε_a、ε_b 和 ε_c 间隔一定的角度，组成三轴应变计，见图 8.3。a、b、c 三个应变计的角度分别为 −45°、0°和 45°，代入式(8.1)得到这三个方向的线应变分别是：

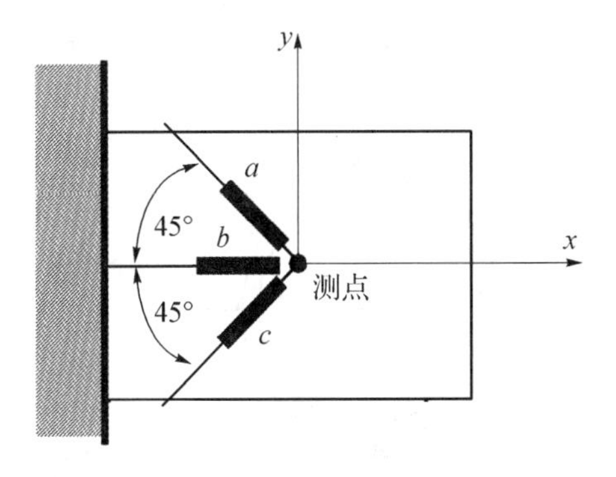

图 8.3　三轴 45°应变计

$$\varepsilon_{-45^\circ} = \frac{\varepsilon_x + \varepsilon_y}{2} + \frac{\gamma_{xy}}{2}$$

$$\varepsilon_{0^\circ} = \varepsilon_x$$

$$\varepsilon_{45^\circ} = \frac{\varepsilon_x + \varepsilon_y}{2} - \frac{\gamma_{xy}}{2}$$

从以上三式中解出：

$$\varepsilon_x = \varepsilon_{0^\circ}$$

$$\varepsilon_y = \varepsilon_{45^\circ} + \varepsilon_{-45^\circ} - \varepsilon_{0^\circ}$$

$$\gamma_{xy} = \varepsilon_{-45^\circ} - \varepsilon_{45^\circ}$$

当测量出 ε_{0°、ε_{45° 和 ε_{-45° 的结果，便可求出 ε_x、ε_y 和 γ_{xy}，再代入公式(8.2)，即可由下式计算出主应变 ε_1 及 ε_2 的大小和方向：

$$\varepsilon_{1,2} = \frac{\varepsilon_{-45^\circ} + \varepsilon_{45^\circ}}{2} \pm \frac{\sqrt{2}}{2}\sqrt{(\varepsilon_{-45^\circ} - \varepsilon_{0^\circ})^2 + (\varepsilon_{45^\circ} - \varepsilon_{0^\circ})^2} \tag{8.4}$$

$$\tan 2\alpha_0 = \frac{\varepsilon_{45^\circ} - \varepsilon_{-45^\circ}}{2\varepsilon_{0^\circ} - \varepsilon_{-45^\circ} - \varepsilon_{45^\circ}} \tag{8.5}$$

主应力的大小可从各向同性材料的广义胡克定律求得：

$$\left.\begin{aligned} \sigma_1 &= \frac{E}{1-\mu^2}(\varepsilon_1 + \mu\varepsilon_2) \\ \sigma_2 &= \frac{E}{1-\mu^2}(\varepsilon_2 + \mu\varepsilon_1) \end{aligned}\right\} \tag{8.6}$$

8.3.2 测定弯矩

在靠近固定端的下表面点 D 上，粘贴一个与点 B 相同的应变计，相对位置已表示于图 8.4，圆管虽为弯扭组合，但两点沿 x 方向只有因弯曲引起的拉压应变，且两者数值等值符号相反。因此，将 B 点的应变计与 D 点的应变计，采用双臂接线法(自补偿半桥接线法)，得：

$$\varepsilon_r = (\varepsilon_0 + \varepsilon_T) - (-\varepsilon_0 + \varepsilon_T) = 2\varepsilon_0$$

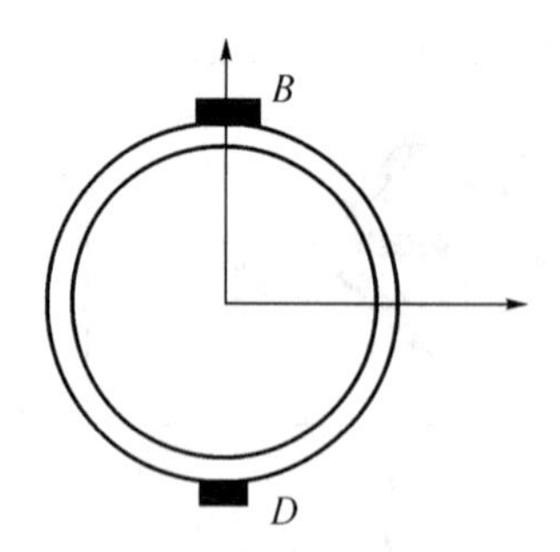

图 8.4　B、D 点的贴片示意图

式中 ε_T 为温度应变，ε_0 为因弯曲引起的应变。求得弯曲应力为：

$$\sigma = E\varepsilon_0 = \frac{E\varepsilon_r}{2}$$

由理论解可求得弯曲应力：

$$\sigma=\frac{MD}{2I}=\frac{32MD}{\pi(D^4-d^4)}$$

由以上两式相等，可求得弯矩为：

$$M=\frac{E\pi(D^4-d^4)}{64D}\varepsilon_r \tag{8.7}$$

8.3.3　测定扭矩

当圆管受扭转时，A 点的应变计和 C 点的应变计中 45°和－45°都沿主应力方向，但两点的主应力的大小却不相同，由于圆管是薄壁结构，不能忽略由剪力产生的弯曲切应力，因此在点 A、C 上的应力是扭转切应力与弯曲切应力的合成(图 8.5、图 8.6)。A 点的应变计扭转切应力与弯曲切应力的方向相同，故切应力相加；C 点的应变计扭转切应力与弯曲切应力的方向相反，故切应力相减。

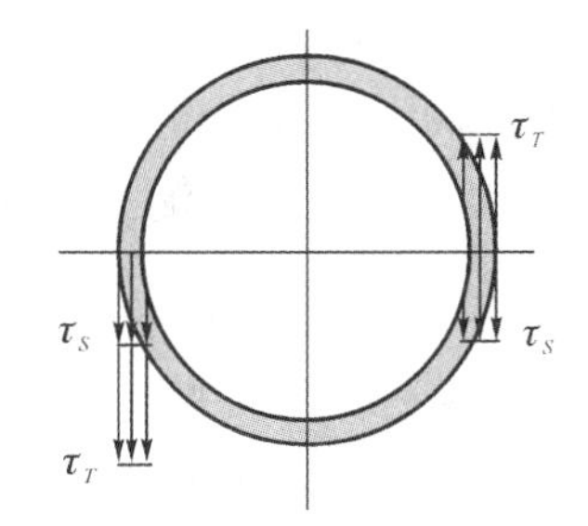

图 8.5　A、C 点切应力分布

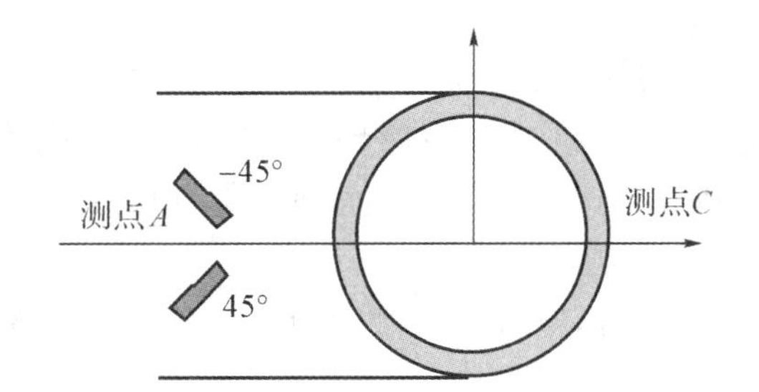

图 8.6　测点 A 贴片位置示意图

由应力-应变的关系可以得到：

A 点：$\tau^A=\tau_T+\tau_S$　　$\sigma_{45}^A=-(\tau_T+\tau_S)$　　$\sigma_{-45}^A=\tau_T+\tau_S$

$$\varepsilon_{45}^A=-\frac{1+\mu}{E}(\tau_T+\tau_S)\qquad \varepsilon_{-45}^A=\frac{1+\mu}{E}(\tau_T+\tau_S)$$

C 点：$\tau^C=\tau_T-\tau_S$　　$\sigma_{45}^C=-(\tau_T-\tau_S)$　　$\sigma_{-45}^C=\tau_T-\tau_S$

$$\varepsilon_{45}^C=-\frac{1+\mu}{E}(\tau_T-\tau_S)\qquad \varepsilon_{-45}^C=\frac{1+\mu}{E}(\tau_T-\tau_S)$$

若按四臂全桥接线法，则有：

$$\varepsilon=\varepsilon_{-45}^A-\varepsilon_{45}^A+\varepsilon_{-45}^C-\varepsilon_{45}^C=\frac{4(1+\mu)}{E}\tau_T$$

从上式可见，通过桥路的设计消除了弯曲切应力，故有：

$$\tau_T=\frac{E}{4(1+\mu)}\varepsilon$$

通过扭转切应力计算公式，可得：

$$\tau_T=\frac{TD}{2I_P}=\frac{16TD}{\pi(D^4-d^4)}$$

由以上两式不难求出扭矩为：

$$T=\frac{E\varepsilon}{4(1+\mu)}\cdot\frac{\pi(D^4-d^4)}{16D} \tag{8.8}$$

8.3.4 测定剪力

剪力的测试原理与扭矩的测试原理完全相同，只要调整桥路的接线，便可消除扭转切应力，得到弯曲切应力，进一步计算出剪力。这一问题应由学生独立思考完成。

8.4 实验步骤

(1) 实验准备

根据实验装置拟定加载方案。

(2) 仪器准备

将各测点电阻应变计的导线接到电阻应变仪上，依次将各点预调平衡。

(3) 进行实验

根据加载方案，逐级加载，注意最大荷载不得超过 500 N，逐点逐级测量并记录测得数据，测量完毕，卸载。以上过程可重复一次，检查两次数据是否相同。若个别测点出现较大偏差，应进行单点复测，得到可靠的实验数据。

(4) 实验结束

实验结束后，应将导线从电阻应变仪上拆除，整理好放回原处。

8.5 实验数据的处理

将整理后的实验数据填写在试验报告中。根据实验数据的应用(8.4)和(8.6)式求出各测点的主应力和主方向，并与理论结果进行比较。

根据不同的桥路接线方式，内力与应变读数的关系，计算出内力，并与理论结果进行比较。

8.6 思考题

(1) 在主应力测量中，直角应变计能否沿任意方向粘贴？

(2) 测弯矩时，可用两个纵向应变计组成相互补偿电路，也可用一个纵向应变计，外接补偿电路。两种方法哪种较好？好在哪里？

(3) 测扭矩时，在一个测点粘贴两个与圆管轴线成±45°的应变计，或一个成45°的应变计，能否测定扭矩？

(4) 测剪力时，在一个测点粘贴两个与圆管轴线成±45°的应变计，或一个成45°的应变计，能否测定剪力？

(5) 在所做过的电测试验中，用到过几种接桥方法？各有何特点？

(6) 本次试验的误差主要是由哪些原因造成的？

(7) 如何验证实现了“消弯测扭”？

(8) 本实验能否用二轴 45°应变计代替三轴 45°应变计来确定主应力的大小和方向?

(9) 贴片位置对实验结果是否有影响? 如果有,大概有多少? 考虑了贴片位置影响,如何评定实验结果?

(10) 若铝合金材料的许用应力$[\sigma]=70$ MPa,根据第四强度理论薄壁圆管弯扭组合装置可施加的最大荷载是多少?

实验 9 开口薄壁梁弯心测定实验

9.1 实验目的

(1) 测定弯曲中心位置。

(2) 测定载荷作用于不同位置时,腹板中点的弯曲切应力。

(3) 测定载荷作用于不同位置时,腹板中点的扭转切应力。

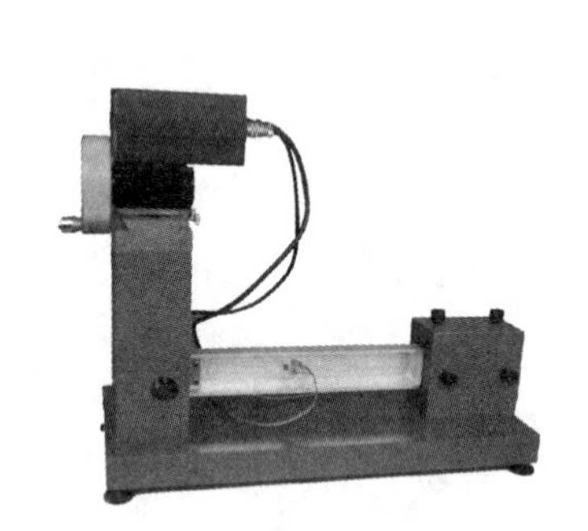

图 9.1 开口薄壁梁实验装置

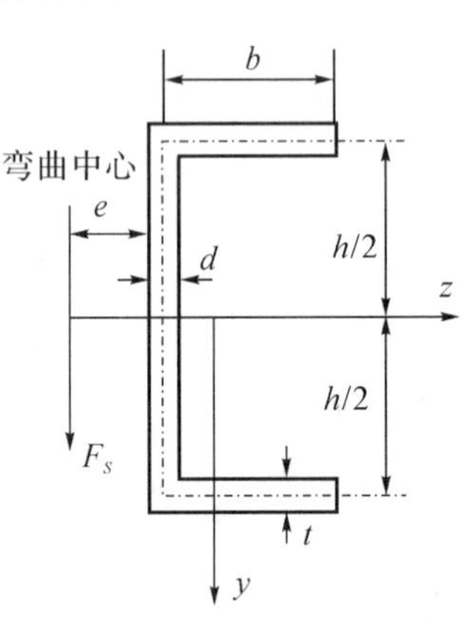

图 9.2 横截面示意图

9.2 实验设备和仪器

(1) 开口薄壁梁实验装置,试件为一悬臂开口薄壁梁。

(2) 静态数字电阻应变仪。

参 数	b	h	d
尺寸(mm)	22	44	4

9.3 实验原理

若杆件有纵向对称平面,且横向力作用于对称平面,则杆件只可能在纵向对称平面内发生弯曲,不会有扭转变形。若横向力作用面不是纵向对称平面,即使是形心主惯性平面,杆件除弯曲变形外,还将发生扭转变形。只有当横向力通过截面某一特定点时,杆件只有弯曲变形没有扭转变形。横截面内的这一特定点称为弯曲中心,简称弯心。

弯心的位置可由式 $e=\dfrac{h^2b^2d}{4I_z}$ 确定。

开口薄壁梁上已粘贴的应变计，离梁的固定端 170 mm，在内、外侧中性轴位置分别粘贴与梁轴线成±45°的应变计。根据材料力学有关弯曲中心的内容和应变电测原理，自行设计实验方案，根据实验方案确定连接桥路和加载方式等，测量出弯曲中心的位置、腹板中点的弯曲切应力和扭转切应力，并与理论值相比较。

9.4　实验报告

实验报告的主要内容包括：

(1) 用材料力学知识计算开口薄壁梁的弯曲中心。

(2) 设计实验方案。

(3 应变计) 设计实验原始数据表格并完成记录。

(4) 实验数据分析过程和结论。

9.5　思考题

(1) 确定开口薄壁弯曲中心有何意义？

(2) 开口薄壁结构如何进行强度校核，如何确定危险截面和危险点？采用实验方法能否测出危险点的主应力？

(3) 在该实验装置测定弯曲中心，还有哪些方案？

实验 10　开口薄壁截面的约束扭转和圣维南原理实验

10.1　实验目的

根据开口薄壁梁实验装置，完成以下项目（或选做其中几项）。自行设计试验方案、根据试验方案确定贴片位置、组桥和加载方式等。

（1）测定载荷作用于各种位置时，翼缘上下外表面中点的扭转切应力。

（2）测定载荷作用于各种位置时，翼缘上下外表面两边缘处的弯曲正应力。

（3）用实验数据说明本实验装置的固定端约束对弯曲正应力的局部影响范围。

图 10.1　开口薄壁梁实验装置

（4）用实验数据说明本实验装置的固定端约束对扭转切应力的局部影响范围。

（5）用实验数据说明圣维南原理的影响范围。

10.2　实验设备和仪器

（1）开口薄壁梁实验装置(图 10.1)。

（2）静态数字电阻应变仪。

10.3　实验原理

约束扭转既然引起横截面上的正应力，而相邻横截面上的正应力又不相等，故又将引起附加剪应力。约束扭转杆件截面的应力由两部分组成：扭转剪应力组成的力偶矩为 M_n，附加剪应力组成的力偶矩为 M_ω，则两者的总和应与外力的力偶矩 M_z 平衡，$M_z = M_n + M_\omega$。

实验装置为槽形截面的悬臂梁，其一端固定，自由端施加集中力 F，但由于集中力并没有通过截面的扭转中心，现将集中力向扭转中心平移后，将会附加产生一个扭转力偶矩 $M=Fa$。理论计算简图如图 10.2 所示。

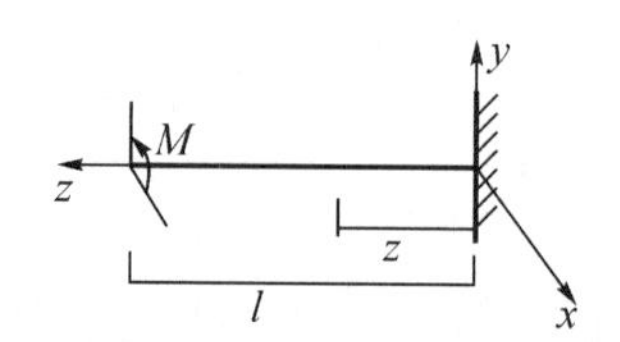

图 10.2　理论计算简图

取悬臂梁的固定端为坐标原点，根据固定端的边界条件和静力平衡条件，已知的初参数有：$\varphi_0 = 0, \varphi'_0 = 0, M_0 = M$。

根据弹性理论可以解出任意位置的约束扭转双力矩为：

$$B(z) = -\frac{M}{\alpha}\frac{\text{sh}\alpha(l-z)}{\text{ch}\alpha l} \tag{10.1}$$

可求出约束扭转力偶矩为：

$$M_{\omega} = \frac{\text{d}B}{\text{d}z} = \frac{M\text{ch}\alpha(l-z)}{\text{ch}\alpha l} \tag{10.2}$$

自由扭转力偶矩为：

$$M_n = M - M_{\omega} = M\left[1 - \frac{\text{ch}\alpha(l-z)}{\text{ch}\alpha l}\right] \tag{10.3}$$

10.3.1　弯曲正应力

约束扭转双力矩产生的正应力为：

$$\sigma_{z\omega} = \frac{B\omega}{I_{\omega}} = -\frac{M\omega\,\text{sh}\alpha(l-z)}{I_{\omega}\alpha\,\text{ch}\alpha l} \tag{10.4}$$

平面弯曲产生的正应力为：

$$\sigma_{zm} = \frac{F(l-z)y}{I_z} \tag{10.5}$$

10.3.2　弯曲剪应力

约束扭转产生的剪应力为：

$$\tau_{\omega} = -\frac{M_{\omega}S_{\omega}}{I_{\omega}t} = -\frac{MS_{\omega}\text{ch}\alpha(l-z)}{I_{\omega}t\,\text{ch}\alpha l} \tag{10.6}$$

考虑约束扭转的自由扭转产生的剪应力为：

$$\tau_n = \frac{M_n\delta_i}{\frac{1}{3}\sum_i b_i t_i^3} = \frac{M\left[1 - \frac{\text{ch}\alpha(l-z)}{\text{ch}\alpha l}\right]}{\frac{1}{3}\sum_i b_i t_i^2} \tag{10.7}$$

10.3.3　弯曲切应力

弯曲产生的切应力为：

$$\tau_m = \frac{FS_x^*}{I_z t} \tag{10.8}$$

10.4　实验报告

实验报告的主要内容包括：

(1) 设计实验方案。

(2) 设计实验原始数据表格并完成记录。

(3) 实验数据分析和结论。

(4) 分析弯曲正应力受固定端处的约束双力矩的影响的大小和范围。

(5) 根据实验结果说明开口薄壁结构中圣维南原理的适用范围，在类似的结构设计中应注意什么问题，特别是在对于开口薄壁的钢结构的设计问题。

10.5 开口薄壁杆件的物理特性和截面的几何特征值

截面形状为槽形，见图 10.3。

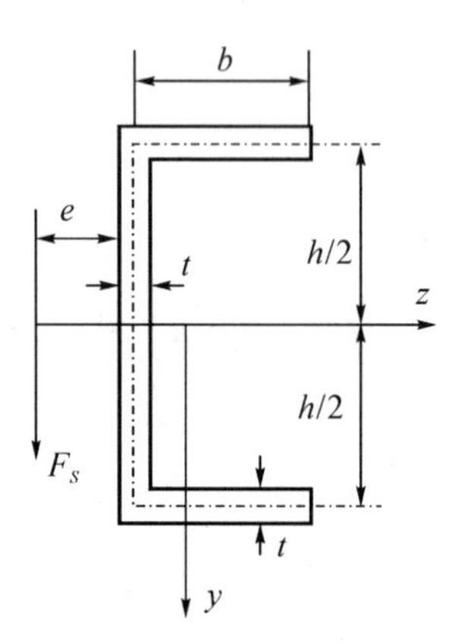

图 10.3 横截面示意图

尺寸为：长 $l=300$ mm，宽 $b=22$ mm，高 $h=44$ mm，厚度 $t=4$ mm。

表 10.1 开口薄壁杆件的物理特性和截面的几何特征值

参 数	计算公式	数值
弹性模量 E(GPa)		72
泊松比 μ		0.33
剪切模量 G(GPa)	$G=\dfrac{E}{2(1+\mu)}$	27
折算弹性模量(GPa)	$E_1=\dfrac{E}{1-\mu^2}$	80.8
弯曲中心的位置(mm)	$e=\dfrac{h^2b^2\delta}{4I_z}$	8.18
截面对形心惯性主轴 z 的惯性矩 I_z (mm^4)		1.145×10^5
截面抗扭计算极惯性矩 I_n (mm^4)		1.877×10^3
主扇形惯性矩 I_ω (mm^6)		6.01×10^6
系数 α (m^{-1})	$\alpha=\sqrt{GI_n/E_1I_\omega}$	10.216

实验 11　动荷系数测量

11.1　实验目的

（1）了解动荷系数的测量原理。

（2）掌握动态应变的测试原理和方法。

（3）掌握动态电阻应变仪（图 11.1）的使用。

（4）了解数据采集系统的使用方法和动态测量数据的分析方法。

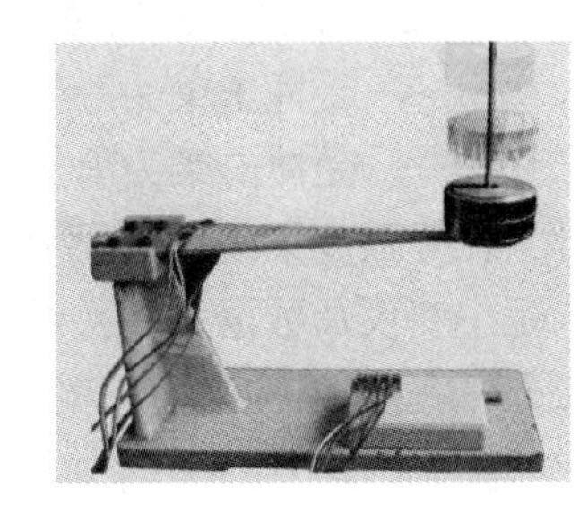

图 11.1　落锤冲击实验装置

11.2　实验设备

（1）等强度梁或简支梁。

（2）动态电阻应变仪。

（3）计算机数据采集系统。

（4）落锤冲击实验装置。

（5）游标卡尺和卷尺。

11.3　实验原理

本试验采用等强度梁（图 11.2）或矩形截面简支梁（图 11.3），在等强度梁端部或简支梁中央受到重物 m 在高度 H 处自由落下的冲击作用。由理论可知发生冲击弯曲时，最大动载应力按下式确定 $\sigma_{\mathrm{dmax}} = K_{\mathrm{d}}\sigma_{\mathrm{stmax}}$，其中动荷系数 K_{d} 为：

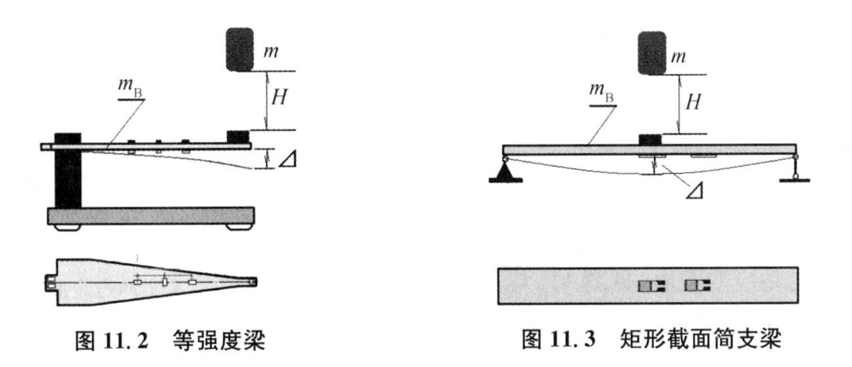

图 11.2　等强度梁　　　　图 11.3　矩形截面简支梁

$$K_d = 1 + \sqrt{1 + \frac{2H}{\Delta_{st}}} \quad \text{（不考虑梁的质量）} \tag{11.1}$$

$$K_d = 1 + \sqrt{1 + \frac{2H}{\Delta_{st}(1 + \alpha\beta)}} \quad \text{（考虑梁的质量）} \tag{11.2}$$

式中：H——冲击物下落高度；

Δ_{st}——受冲击梁在等值静载作用下的挠度，$\beta = \frac{m_B}{m}$；

m_B——被冲击试样的质量；

m——冲击物的质量；

α——受冲击梁为等强度梁时取 0.066 667；

β——受冲击梁为简支梁时取 0.485 7。

在等强度梁或简支梁上下表面贴上互为补偿的两片（或四片）应变计，用导线接入动态电阻应变仪及数据采集系统。将重物 m 静止放在梁上可测得同一点的静应变 ε_j。重物 m 从 H 高度落下冲击简支梁时，测出的动应变峰值 ε_{dmax}，则动荷系数实测值为：

$$K_{d测} = \frac{\varepsilon_{dmax}}{\varepsilon_j} \tag{11.3}$$

11.4　实验步骤

（1）记录等强度梁或简支梁的几何尺寸及材料的弹性模量。

（2）测量重物的质量。

（3）连接导线，将梁上应变计接入接线盒，然后将接线盒接入动态电阻应变仪。将动态电阻应变仪的输出端接入计算机数据采集系统。

（4）按照动态电阻应变仪的操作规程，设置好各项参数，按照数据计算机采集系统的操作规程，设置好各项参数。

（5）进行应变标定：桥路调平衡后，给出应变标定信号，记录在应变标定信号下的测量值，并计算出测量值与应变标定信号的对应关系。

（6）将重物放置在试验梁预定的位置上，测量在重物作用下梁的静应变输出。

（7）将重物放置在预定的冲击高度（H）位置，突然放下重物冲击试验梁，测量在重物冲击作用下梁的动应变输出，见图 11.4。

（8）计算动荷系数的理论值和实验值，并比较两者的偏差。

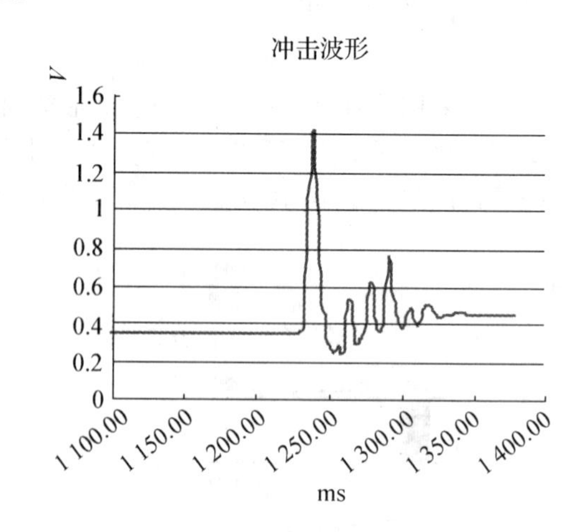

图 11.4　实测冲击波形

11.5　注意事项

（1）实验前应检查应变计及接线，不得有松动、断线或短路。测量静应变时，重锤要缓慢放下。

（2）实验中，严禁将手伸入重锤下方。

（3）数据采集系统各项参数设置应按规定进行设置，不能随意设置。

11.6　预习要求

（1）复习冲击动荷系数的概念及计算方法。

（2）了解动态应变测量方法及动态电阻应变仪的使用方法。

（3）了解计算机数据采集系统的使用方法。

11.7　实验报告要求

自行设计并完成实验报告，实验报告的主要内容应包括：

（1）实验名称；

（2）实验目的；

（3）仪器名称、规格；

（4）实验方案概述；

（5）绘制实验装置草图；

（6）原始数据记录；

（7）原始数据分析计算过程；

（8）实验结论。

实验报告中的数据应用图形或者表格的形式表达。

实验 12　电测法测定衰减振动参数

12.1　实验目的

（1）了解衰减振动法测量系统固有频率和阻尼系数的原理。
（2）掌握通过动态应变的测量方法测量等强度梁和简支梁的固有频率和阻尼比。
（3）了解相关测试仪器的基本原理和操作方法。
（4）了解计算机数据采集软件的使用和实验数据的分析方法。

12.2　实验装置

（1）等强度梁或者简支梁实验装置。
（2）动态电阻应变仪。
（3）计算机数据采集系统。
（4）敲击橡皮锤。

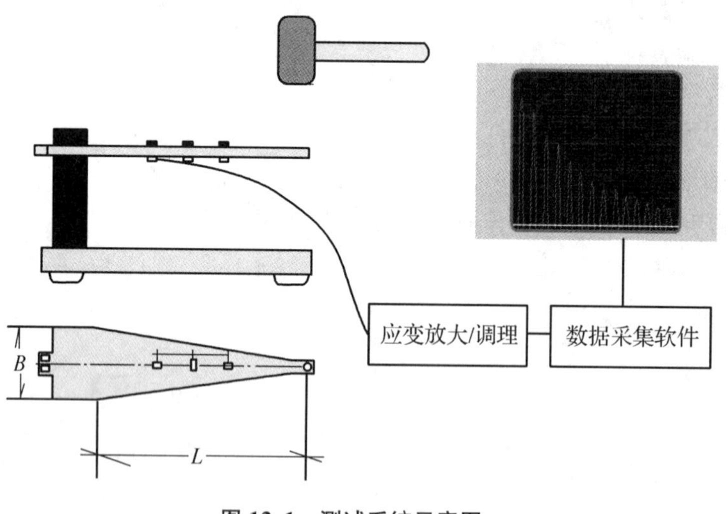

图 12.1　测试系统示意图

12.3　实验原理

假设梁的厚度为 h，等强度梁的一阶固有频率为：

$$f_0 = \frac{1}{2\pi}\sqrt{\frac{EBh^3}{6mL^3}} \tag{12.1}$$

式中：E——梁材料弹性模量；

B——梁的底部宽度；

L——梁的长度；

h——梁的厚度；

m——梁的质量。

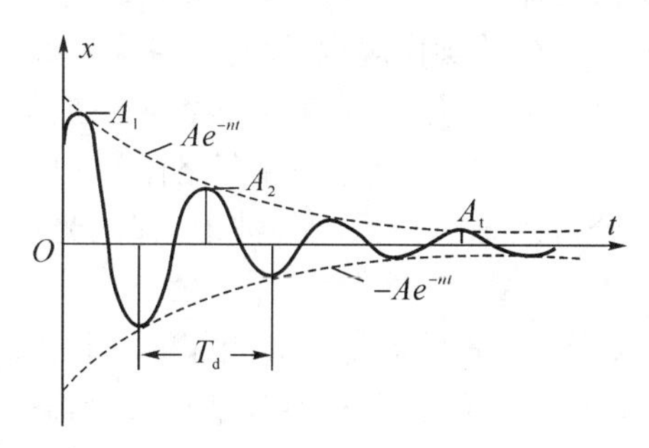

图 12.2　振动衰减波形

两端简支梁一阶固有频率为：

$$f_0 = \frac{\pi}{2L^2}\sqrt{\frac{EI}{\rho A}} \tag{12.2}$$

式中：E——梁材料弹性模量；

I——梁截面惯性矩；

A——梁截面面积；

ρ——梁材料的体积密度；

L——简支梁的长度。

用橡皮锤敲击等强度梁或矩形截面简支梁实验装置(瞬态激振)，试验梁获得初始速度作自由振动。因存在阻尼，自由振动为振幅逐渐减小的衰减振动。阻尼越大振幅衰减越快。根据记录曲线可计算出系统的振动周期 T_d、频率 f_d、阻尼系数 δ 及阻尼比 ζ。

$$T_d = \frac{\Delta t}{i} \qquad f_d = \frac{1}{T_d} \tag{12.3}$$

$$\delta = \frac{1}{i}\ln\left(\frac{A_1}{A_{i+1}}\right) \tag{12.4}$$

$$\zeta = \frac{\delta}{\sqrt{4\pi^2 + \delta^2}} \approx \frac{\delta}{2\pi} \tag{12.5}$$

其中：Δt——为 i 个整周期相应的时间间隔；

A_1——第一个周期的振幅；

A_i——第 i 个周期的振幅；

T_d——振动周期。

根据振动周期和阻尼系数，可计算求出衰减系数：

$$\Lambda = \ln\frac{A_i}{A_{i+1}} = \delta T_d \tag{12.6}$$

12.4　实验步骤

(1) 记录试样的几何尺寸及材料的弹性模量。

(2) 将梁上粘贴的应变计按要求接入接线盒，然后将接线盒接入动态电阻应变仪的输入端，再将动态电阻应变仪的输出端接入计算机数据采集系统。

(3) 按照动态电阻应变仪的操作规程，设置好各项参数。

(4) 按照计算机数据采集系统的操作规程，设置好各项参数。

(5) 用橡皮锤轻敲实验梁上一点，用单通道示波器与记录软件采样，把采到的当前数据保存到硬盘上，设置好文件名、实验名、测点号和保存路径。

(6) 用软件的分析功能分析系统衰减振动的波形，移动光标收取波峰值和相邻的波峰值与时间并记录。

(7) 重复上述步骤，记录不同位置的波峰值和相邻的波谷值。

(8) 实验结束后，将实验仪器复位，关闭所有仪器电源，整理实验现场，按要求整理实验报告。

12.5　实验报告要求

自行设计并完成实验报告，实验报告的主要内容应包括：

(1) 实验名称；

(2) 实验目的；

(3) 仪器名称、规格；

(4) 实验方案概述；

(5) 绘制实验装置草图；

(6) 原始数据记录；

(7) 原始数据分析与计算过程；

(8) 实验结论。

实验报告中的数据应用图形或者表格的形式表达。

实验 13　电测法标定加速度传感器的电压灵敏度

13.1　实验目的

传感器的灵敏度是传感器的一个重要参数，使用时必须重复标准，以保证原始的标定值没有变化。虽然技术监督部门通常使用绝对标准法，而在工程中和野外检测现场条件下通常使用比较法。

学习用电阻应变计测试方法测定加速度传感器的电压灵敏度的方法；了解相关测试仪器的基本原理和简单的操作方法；学会用计算机和数据采集软件分析瞬态峰值和传感器的灵敏系数；按要求整理实验报告。

图 13.1　计算机数据采集系统

13.2　实验仪器

(1) 自制加速度传感器(图 13.2)。

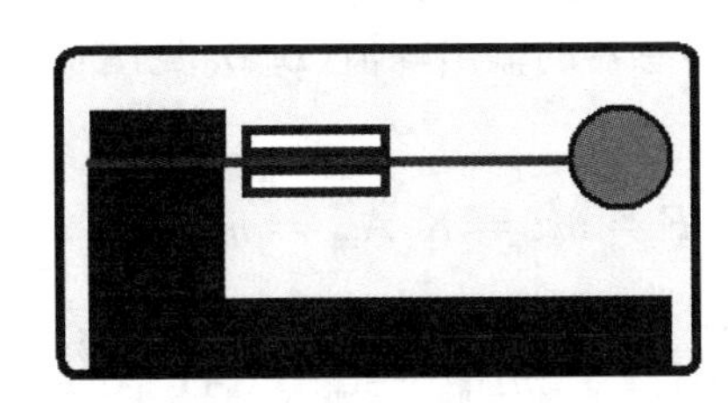

图 13.2　加速度传感器简图

(2) 动态电阻应变仪。

(3) 计算机数据采集系统(图 13.1)。

(4) 自制电子测力系统。

13.3 测量系统框图

加速度传感器标定实验装置和测试过程，见图 13.3。

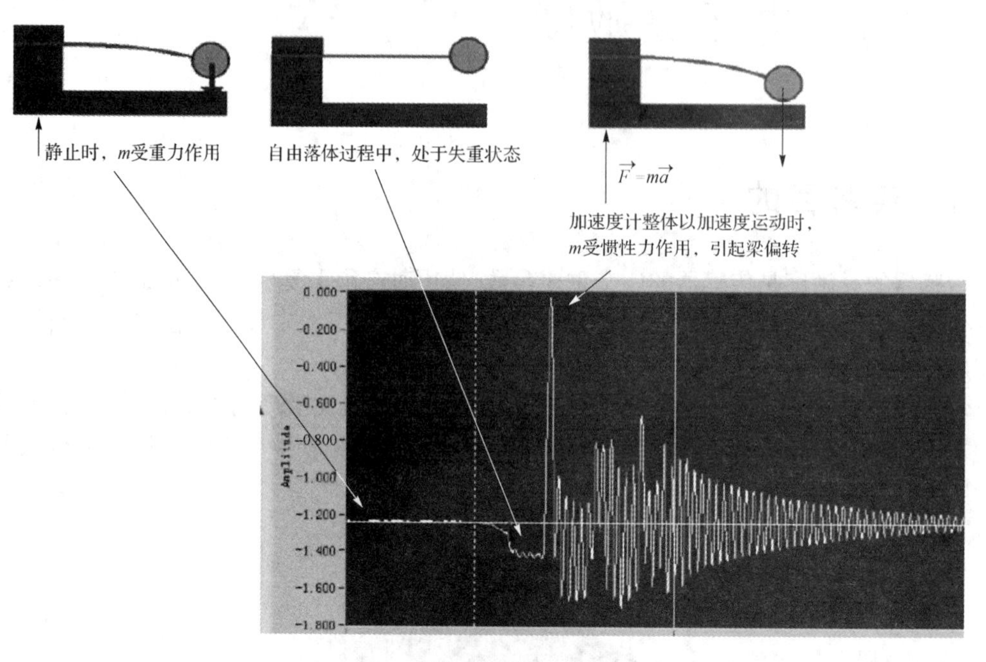

图 13.3 实验过程示意图

13.4 实验原理与步骤

(1) 试验用质量块安装在缓冲垫和力传感器上，当质量块迅速取走时，测出力传感器的输出 A_{mg}，这个读数即装有加速度传感器的重力(mg)。计算出力传感器的输出灵敏系数：

$$K_F = mg/A_{mg}(\mathrm{N/V}) \tag{13.1}$$

(2) 将加速度传感器的钢柱从适当高度落到缓冲垫和力传感器上时，同时记录力传感器的输出峰值(A_{ma})和加速度传感器的输出峰值(B_{ma})，见图 13.4。根据作用力等于反作用力原理得：

$$F = ma = K_F A_{ma} = mK_a B_{ma} \tag{13.2}$$

$$K_a = \frac{K_F A_{ma}}{mB_{ma}} = \frac{mg}{mB_{ma}} \cdot \frac{A_{ma}}{A_{mg}} = \frac{A_{ma}}{A_{mg}} \cdot \frac{g}{B_{ma}}\ (\mathrm{g/V}) \tag{13.3}$$

这种标定方法对于线性传感器，力传感器的灵敏系数将消除，然而，标定依赖于当地重力加速度。撞击脉冲持续时间由缓冲垫材料和厚度决定，脉冲幅值与自由落体的高度有关，可用不同的缓冲垫材料和自由落体的高度组合来完成。

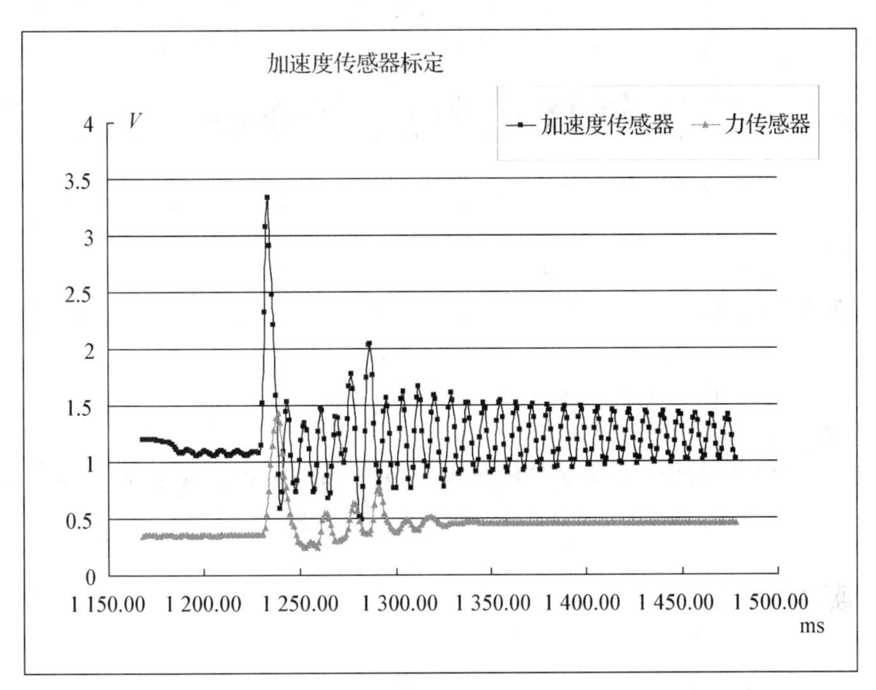

图 13.4　加速度标定的波形

(3) 实验结束后,将各实验仪器复位,关闭所有仪器电源,整理实验现场,按要求整理实验报告。

13.5　实验报告要求

自行设计并完成实验报告,实验报告的主要内容应包括:

(1) 实验名称;

(2) 实验目的;

(3) 仪器名称、规格;

(4) 实验方案概述;

(5) 绘制实验装置草图;

(6) 原始数据的记录;

(7) 原始数据分析与计算过程;

(8) 实验结论。

实验报告中的数据可用图形或者表格的形式表达。

实验 14　工程结构电测应力分析

14.1　实验目的

（1）掌握对工程结构进行理论分析的基本方法。

（2）掌握制订实验方案的方法。

（3）通过实验数据与理论计算数据的对比，学会分析两者偏差的原因，提高实验的分析能力。

14.2　实验设备

（1）动态电阻应变仪。

（2）计算机数据采集系统。

（3）各类工程结构模型等。

14.3　实验要求

工程结构模型为连续梁结构模型或自行车模型，由同学们组成实验小组选择其中一种模型，自行确定实验方案。通过理论分析和实际测试，找出所选择模型的最危险截面。

对于连续梁结构模型（图 14.1），可让小车停放在梁上不同位置，测试危险截面处的应力或者挠度，也可以测试危险截面的内力。亦可测试车辆在连续梁上移动时，测试结构中的动态应力响应。

对于自行车模型（图 14.2），可以测试自行车大梁在自行车骑行时（路面分别设计为平坦路面、过障碍物、跳车）的危险截面处危险点应变时程曲线。

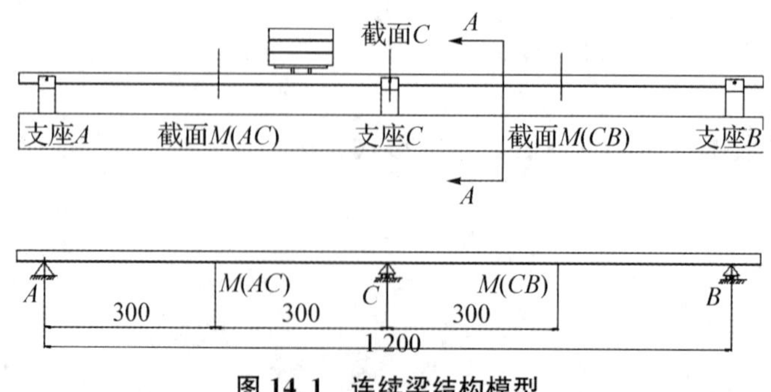

图 14.1　连续梁结构模型

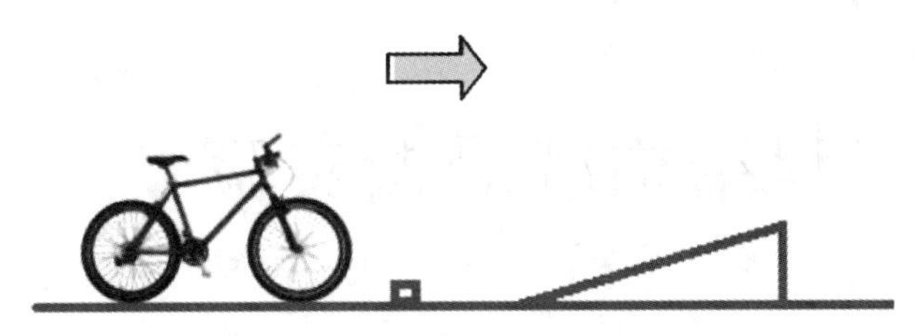

图 14.2　自行车动应变实验示意图

14.4　实验提示

（1）了解工程结构的构成和工作状况，如梁的跨度、截面尺寸、载荷大小等。

（2）对工程结构进行简化，建立力学模型，作初步理论计算。

（3）根据理论计算的结果自行设计测试方案。

（4）按照测试方案选择的截面选择测试点并接线。

（5）按照测试方案选择工况进行测试，记录原始测试数据。

（6）对测试数据与理论计算数据进行全面分析，若两者偏差过大，应找出原因。如果是测试方案存在问题，则修正测试方案，重新测试；如果是理论计算存在问题，则修改理论计算，重新与测试数据进行对比，直到两者的偏差满足工程设计的要求。

（7）撰写测试分析报告。

14.5　思考题

（1）为何对工程结构测试前要进行理论计算分析？

（2）如何设计工程结构模型中的各贴片位置？

（3）如果实测数据与理论计算数据有较大误差，应如何处理？

（4）在测试过程中，最令你苦恼的问题是什么？

（5）除了连续梁结构模型或自行车模型，你是否还能提出其他工程模型进行测试？

实验 15　工程结构减隔振实验

15.1　实验目的

（1）掌握工程结构减隔振的基本原理。
（2）了解振动测试系统的工作原理。
（3）了解振动台工作原理。
（4）通过对输入波与输出波的测试确定工程结构模型减振作用，并进行综合分析。

15.2　实验设备

（1）振动测试系统。
（2）振动台。
（3）工程结构模型等。

15.3　实验装置

工程结构模型为桥梁结构模型和隔震橡胶支座模型（图 15.1），自行确定实验方案，或者自行设计减振实验装置。

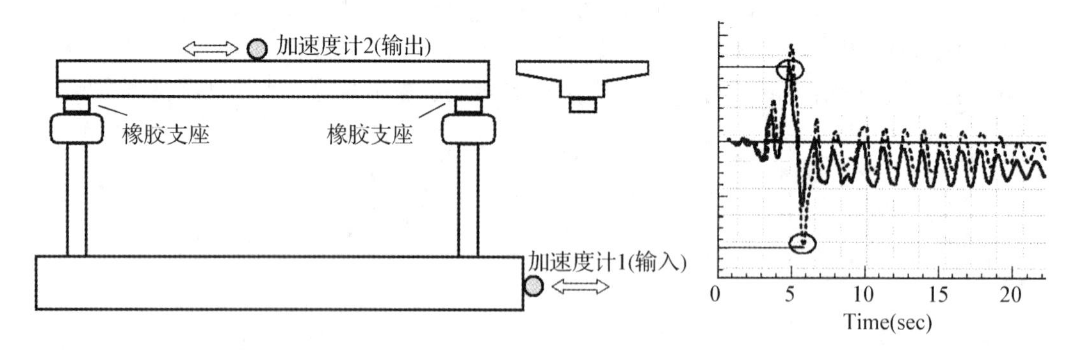

图 15.1　连续梁结构模型减振实验示意图

15.4　实验提示

（1）了解桥梁隔震橡胶支座的构成和工作状况，如梁的跨度、截面尺寸、载荷大小等。
（2）对工程结构进行简化，建立力学模型，作初步理论计算。

(3) 自行设计测试方案或者设计减振实验装置。

(4) 按照测试方案选择输入振动波形。

(5) 按照测试方案选择工况进行测试,记录原始测试数据。

(6) 撰写测试分析报告。

15.5　思考题

(1) 桥梁隔震橡胶支座的构成和主要作用是什么?

(2) 如何评价减振装置的减振性能?

(3) 除了桥梁隔震支座还有什么其他的隔振构件?

演示实验16　金属材料压缩、剪切破坏实验

16.1　实验目的

(1) 观察并比较低碳钢及铸铁试件压缩时的各种现象和破坏或失效情况。
(2) 比较低碳钢(塑性材料)和铸铁(脆性材料)的压缩力学性能。
(3) 观察低碳钢剪切破坏的情况。

16.2　实验设备

(1) 万能材料试验机。
(2) 游标卡尺。
(3) 剪切器。

16.3　金属材料压缩实验

在工程中常用的金属材料中,某些塑性较好的材料受压与受拉时所表现出的强度、刚度和塑性等力学性能是大致相同的;某些脆性材料的抗压强度很高,抗拉强度却很低。为便于合理选用工程材料以及满足金属成型工艺的需要,测定材料受压时的力学性能是十分重要的。因此,压缩实验同拉伸实验一样,也是测定材料在常温、静载、单向受力下的力学性能的最常用、最基本的实验之一。

16.3.1　试样形状与尺寸

金属材料的压缩试件一般制成圆柱形。目前常用的压缩实验方法是两端平压法。对于这种压缩实验方法,当试件承受压缩时,上下两端面与实验机承台之间产生很大的摩擦力,这些摩擦力阻碍试件上、下部的横向变形,导致测得的抗压强度较实际偏高;当试样的高度相对增加时,摩擦力对试样中部的影响就变得小了,因此抗压强度与 h/d 比值有关。由此可见,压缩实验与实验条件有关。为了减少摩擦力的影响以避免试件发生弯曲,在相同的实验条件下,对不同材料的压缩性能进行比较,金属材料的压缩试件 h/d 的值是有规定的。

按照国标 GB/T 7314—2005《金属材料　室温压缩试验方法》,金属材料的压缩试样多采用圆柱体,如图16.1所示。为了尽量使试样受轴向压力,加工试样时,必须有合理的加工工艺,以保证两端面平行,并与轴线垂直。

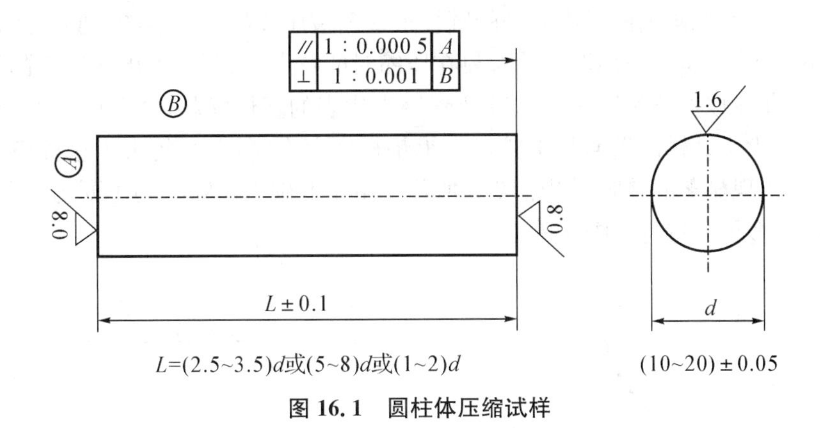

图 16.1　圆柱体压缩试样

16.3.2　压缩力学性能的定义和符号

新国家标准 GB/T 7314—2005 相对于旧国家标准 GB/T 7314—1987，金属材料的压缩力学性能在术语的定义上有一些变化。压缩屈服点代之以压缩屈服强度，增加了上压缩屈服强度和下压缩屈服强度。

在旧标准中，测定抗压强度比较简单，以压缩试验过程中的最大应力为准。新标准判定抗压强度对应的最大力时，不能完全照搬过去习惯的判定方法，而是按材料的性质分别对待。对于脆性材料，试样压至破坏过程的最大压缩应力；对于在压缩过程中不以破裂而失效的塑性材料，则抗压强度取决于规定应变和试样几何形状。国家标准 GB/T 7314—1987 采用为 σ 作为强度性能的主符号，例如：压缩屈服强度 σ_{sc}，抗压强度 σ_{bc}。新国家标准 GB/T 7314—2005 采用 R 作为强度的主符号，具体新标准与旧标准的符号变化见表 16.1。

表 16.1　新旧标准符号的对比

GB/T 7314—2005		GB/T 7314—1987	
性能名称	符号	性能名称	符号
规定非比例压缩强度	R_{pc}	规定非比例压缩应力	σ_{pc}
规定总压缩强度	R_{tc}	规定总压缩应力	σ_{tc}
压缩屈服强度		压缩屈服点	σ_{sc}
上压缩屈服强度	R_{eHc}		
下压缩屈服强度	R_{eLc}		
抗压强度	R_{mc}	抗压强度	σ_{bc}
压缩弹性模量	E_c	压缩弹性模量	E_e

16.3.3　金属材料的压缩曲线

低碳钢的压缩曲线如图 16.2 所示，可以看出在弹性阶段和屈服阶段，拉、压时的曲线重合。所以低碳钢试样压缩时的上压缩屈服强度、下压缩屈服强度、规定非比例压缩强度和压缩弹性模量与拉伸时的力学性能可以认为是相同的。

超过屈服之后,低碳钢试样由原来的圆柱形逐渐被压成鼓形。继续不断加压,试样将愈压愈扁,但不发生断裂,这是塑性好的材料在压缩时的特点,因而测不出低碳钢的抗压强度。低碳钢的压缩曲线也可证实这一点。以低碳钢为代表的塑性材料,轴向压缩时会产生很大的横向变形,但由于试样两端面与试验机支承垫板间存在摩擦力,约束了这种横向变形,故试样中间部分出现显著的鼓胀,如图 16.3 所示。由于低碳钢压缩时的主要力学性能与拉伸时相似,所以一般可不进行压缩实验。

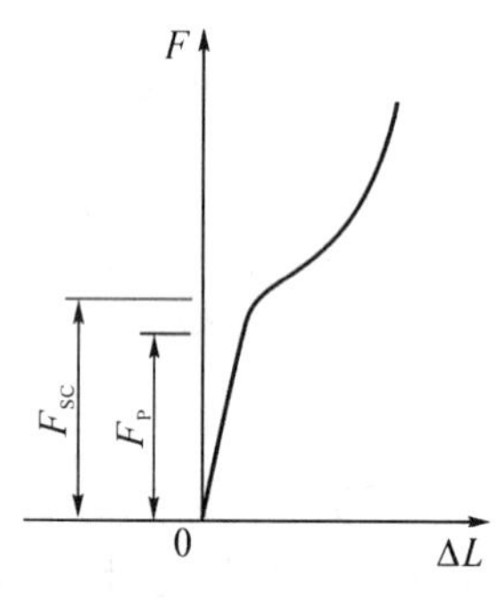

图 16.2 低碳钢压缩曲线

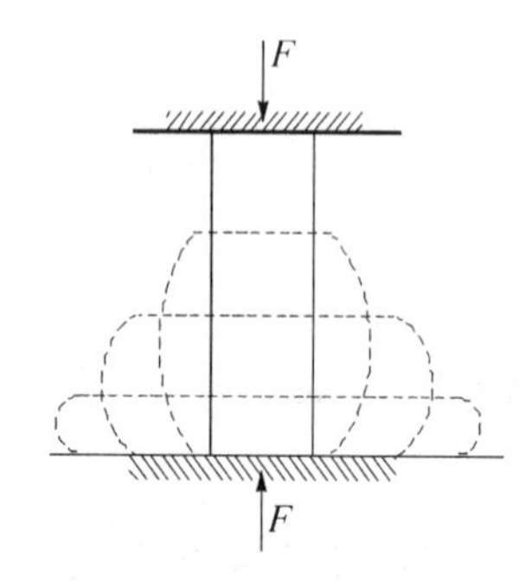

图 16.3 低碳钢压缩时的鼓胀效应

铸铁试样压缩图如图 16.4 所示。载荷达最大值 F_b 后稍有下降,然后破裂,能听到沉闷的破裂声(图 16.5)。灰铸铁在拉伸时是属于塑性很差的一种脆性材料,但在受压时,试件在达到最大载荷 F_m 前将会产生一定的塑性变形,最后被压断裂。灰铸铁试样的断裂有两特点:

一是断口为斜断口;二是按 F_m/S_o 求得的 R_m 远比拉伸时高,大致是拉伸时的 3～4 倍。

为什么灰铸铁这类脆性材料的抗拉抗压能力相差这么大呢?这主要与材料本身情况(内因)和受力状态(外因)有关。铸铁压缩时沿斜截面断裂,其主要原因是由剪应力引起的。假使测量铸铁受压试样斜断口倾角 α,则可发现它略大于 45°而不是最大剪应力所在截面,这是因为试样两端存在摩擦力造成的。

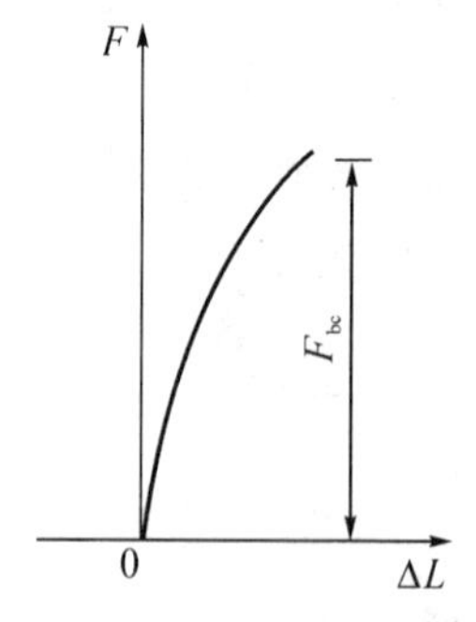

图 16.4 铸铁压缩曲线

图 16.5 铸铁压缩破坏示意图

16.3.4 压缩力学性能的测定

(1) 上压缩屈服强度和下压缩屈服强度的测定

国标 GB/T 7314—2005 规定:呈现明显屈服(不连续屈服)现象的金属材料,在试验时自动绘制的力-变形曲线上,判读首次下降前的最高压缩力 F_{eHc} 和不计初始瞬时效应时屈服阶段中最低压缩力或者屈服平台的压缩力 F_{eLc}。上、下压缩屈服强度的判定基本原则与金属材料拉伸的原则相同，可参考实验1中相关内容。

根据力-变形曲线判读的上压缩力按下式计算上压缩屈服强度：

$$R_{eHc} = \frac{F_{eHc}}{S_o} \tag{16.1}$$

根据力-变形曲线判读的下压缩力按下式计算下压缩屈服强度：

$$R_{eLc} = \frac{F_{eLc}}{S_o} \tag{16.2}$$

(2) 抗压强度的测定

对于在压缩时以断裂方式失效的脆性材料，抗压强度是断裂时或断裂前的最大压缩应力。试验时，对试样连续加载直到试样破坏。从力-变形曲线上判读最大压缩力 F_{mc}，按以下公式计算抗压强度：

$$R_{mc} = \frac{F_{mc}}{S_o} \tag{16.3}$$

对于塑性材料，可根据力-变形曲线在规定应变条件下，测定其抗压强度，所规定的应变应在报告中注明。

16.3.5 压缩的实验过程

低碳钢和铸铁压缩试验的步骤基本相同。不同的是，铸铁试样不测屈服载荷，铸铁试样周围要加防护罩，以免试样在试验过程中飞出伤人。

(1) 在试样中间截面两个相互垂直的方向上测量直径 d，取其算术平均值计算原始截面积，并测量试件高度 h。

(2) 根据低碳钢屈服载荷和铸铁抗压强度的估计值，选择试验机的量程，并对荷载进行调零。

(3) 设置好试验机软件的参数。

(4) 准确地将试样置于试验机活动平台的支承垫板中心处。

(5) 检查及试车——试车时先提升试验活动平台，使试样随之上升。当上承垫接近试样时，应减慢上升的速度。注意：必须避免急剧加载。待试样与上承垫板接触受力后，用慢速预先加少量载荷，然后卸载接近零点，检查试验机工作是否正常。

(6) 调整试验机夹头间距，当试样接近上支承板时，开始缓慢、均匀加载。

(7) 对于低碳钢试样，要及时正确地读出屈服荷载 F_s，过了屈服阶段后继续加载，将试样压成鼓形即可停止试验。对于铸铁试样，加载到试样破坏时立即停止试验，读出破坏极限荷载 F_b。

(8) 实验完毕，整理工具，关闭电源。

16.4 剪切实验原理及步骤

对于以剪断为主要破坏形式的零件，进行强度计算时，假设试样剪切面上的剪应力是均匀分布的，并且不考虑其他变形形式的影响。这当然不符合实际情况。为了尽量降低此种理论与实际不符的影响，作了如下规定：这类零件材料的抗剪强度，必须在与零件受力条件相同的情况下进行测定。此种试验，叫做直接剪切试验。

试验所用设备，主要是万能试验机和剪切器。这里介绍剪切器的构造与实验原理。

图 16.6 是一剪切器的构造示意图：它分为上支座和下支座两部分。将试样放入剪切器，用万能试验机对剪切器施加载荷。随着载荷的增加，剪切面处的材料经过弹性、屈服等阶段，最后沿剪切面发生剪断裂。取出剪断了的三段试样，可以观察到两种现象。一种现象是这三段试样略带些弯曲，它表明：尽管试样是剪断的，但试样承受的作用却不是单纯的剪切，而是既有剪切也有弯曲，不过以剪切为主。另一种现象是断口明显地区分为两部分：平滑光亮部分与纤维状部分。断口的平滑光亮部分，是在屈服过程中形成的。在这个过程中，剪切面两侧的材料有较大的相对滑移却没有分离，滑移出来的部分与剪切器是密合接触的，因而磨成了光亮面。断口的纤维部分，是在剪切断裂发生的瞬间形成的。在此瞬间，由于剪切面两侧材料又有较大的相对滑移，未分离的截面面积已缩减到不能再继续承担外力，于是产生了突然性的剪断裂。剪断裂是滑移型断裂，纤维状断口正是这种断裂的特征。

图 16.6 剪切器

(1) 测量试样截面尺寸。测量部位应在剪切面附近，测量误差应小于 1%。

(2) 选择试验机及所用量程。根据试样横截面面积 S_0 和估计的剪切强度极限 τ_b，由 $F_m = \tau_b S_0$ 估计所需最大载荷，据此选择试验机及所用量程。

(3) 安装剪切器及试样，测读破坏载荷。按常规调整好试验机之后，将试样装入剪切器并将剪切器置于试验机活动平台的球面垫上(注意对中)。开动试验机加载直到试样剪断，读取破坏载荷。加载过程中最好利用的力—变形关系，看能不能粗略地判定试样开始进入全面屈服时的载荷。

(4) 实验完毕，做好整理工作，完成实验报告。

16.5 思考题

(1) 铸铁的破坏形式说明了什么？

(2) 低碳钢和铸铁在拉伸及压缩时机械性质有何差异？

(3) 低碳钢与铸铁扭转试样破坏等情况有何不同？为什么？

(4) 根据拉伸、压缩和扭转三种试验结果，综合分析低碳钢与铸铁的机械性质。

(5) * 铸铁试样压缩，在最大载荷时未破裂，载荷稍减小后却破裂。为什么？

(6) * 铸铁试样破裂后呈鼓形，说明有塑性变形，可是它是脆性材料，为何有塑性变形呢？

注：带 * 号的思考题，已超越了同学现有的知识范围，仅供参考。

演示实验 17　金属材料疲劳演示实验

17.1　实验目的

（1）了解金属材料的疲劳性质，测定某个应力等级下的疲劳寿命。

（2）了解常用疲劳试验机的工作原理和操作方法。

17.2　实验设备

高频疲劳试验机，INSTRON 8802 疲劳试验机。

17.3　实验概述

在不同的应力水平下材料具有不同的疲劳寿命。金属材料疲劳破坏是一种潜在的失效方式，在疲劳断裂时都不会产生明显的塑性变形，而断裂是突发的，没有预兆。构件上存在表面缺陷（缺口、沟槽），即使在名义应力不高的情况下，也会由于局部的应力集中而形成裂纹，随着加载循环的增加，裂纹不断扩展，直至断裂。

在交变应力的应力循环中，最小应力和最大应力的比值 $r=\sigma_{\min}/\sigma_{\max}$ 称为循环特征或应力比。在 r 一定的情况下，如试样的最大应力为某一值时，经过 N 次循环后，发生疲劳失效，则称 N 为此应力下的疲劳寿命。在同一循环特征下，最大应力越大。则寿命越短。测定了各级应力水平的疲劳寿命，就可以确定金属材料的疲劳寿命曲线，即 $S-N$ 曲线（应力-寿命曲线），见图 17.1。

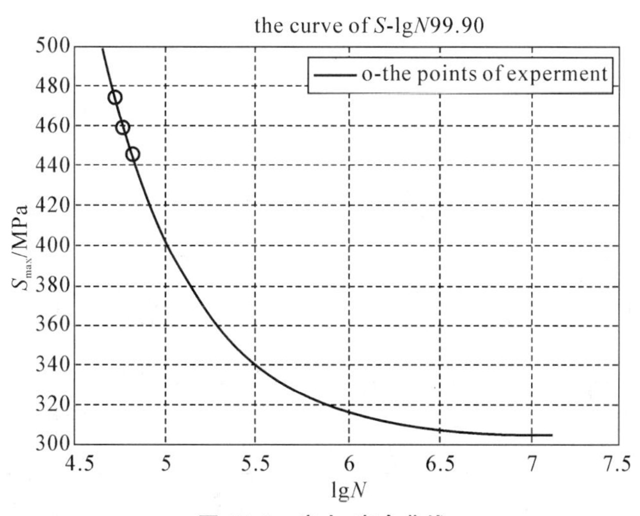

图 17.1　应力-寿命曲线

17.4 实验步骤

在每个应力水平下试验一个试样来测定 $S-N$ 曲线时，至少需要 10 个试样。其中一个试样做静力试验，1～2 个试样备用，其余 7～8 个试样做疲劳试验。

(1) 静力试验

取一个试样测定材料的抗拉强度 R_m，一方面检验材料是否符合要求，另一方面根据实测的抗拉强度 R_m 确定各级疲劳应力水平。

(2) 确定应力比

如果试验目的是了解材料抗拉的疲劳性能，应力比一般取 $R=0.1$；如果试验目的是了解旋转构件材料的疲劳性能，应力比常取 $R=-1$。

(3) 确定应力水平

应力水平至少分为 7 级；高应力水平间隔可适当增大，随着应力水平的降低间隔越来越小；最高应力水平可通过预试确定。

(4) 确定加载频率

一般根据试验机的可调频率范围来选择；在高应力水平下最好使用较低的频率，以免在调试过程中试样就发生破坏。

(5) 安装试样

将试样安装到疲劳试验机上，注意试样要对中和安装牢固。

(6) 观测记录

启动疲劳试验机，由高应力到低应力逐级进行试验，列表记录试样的破坏循环次数，并记录试验前后的各种异常现象以及断口部位等。

(7) 测定条件疲劳极限

一般以破坏循环次数为 10^7 所对应的最大应力 S_{max} 作为条件疲劳极限。条件疲劳极限以符号 S_r 表示，S_r 下标字母 r 表示应力比。

(8) 绘制 $S-N$ 曲线

根据各应力水平测得的疲劳寿命 N，以应力 S 为纵坐标，$\lg N$ 为横坐标，将数据点绘制在坐标系中，用曲线连接各点，即得到 $S-N$ 曲线(图 17.2)。

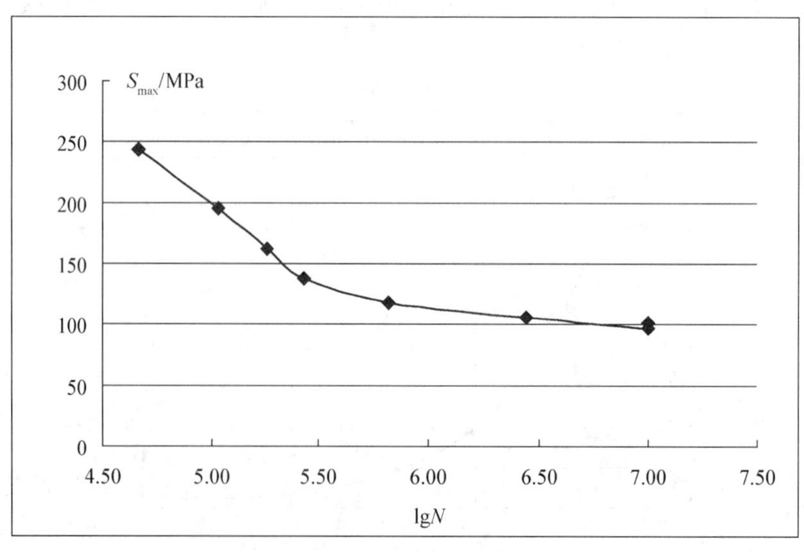

图 17.2 实测 $S-N$ 曲线

17.5　思考题

（1）什么是高周疲劳试验？什么是低周疲劳试验？两者有何区别？

（2）金属材料的疲劳试验断口与拉伸试验断口有何区别？

（3）疲劳裂纹的扩展与什么因素有关？

演示实验18　光弹实验

18.1　实验目的

(1) 了解光弹性实验的基本原理和方法，认识偏光弹性仪和光学元件，学习光弹性试验的一般方法。

(2) 观察模型受力时的条纹图案，识别等差线和等倾线，了解主应力差和条纹值的测量。

18.2　实验设备

(1) 由环氧树脂或聚碳酸酯制作的试件模型。

(2) 数码光弹性仪(图18.1)。

图18.1　数码光弹性仪

18.3　试验原理及装置

光弹性测试方法是光学与力学紧密结合的一种测试技术。它采用具有暂时双折射性能的透明材料，制成与构件形状几何相似的模型，使其承受与原构件相似的载荷。将此模型置于偏振光场中，模型上即显出与应力有关的干涉条纹图，通过分析计算即可得知模型内部及表面各点的应力大小和方向，再依照模型相似原理就可以换算成真实构件上的应力。因为光弹性测试是全域性的，所以具有直观性强、可靠性高、能直接观察到构件的全场应力分布情况。特别是对于解决复杂构件、复杂载荷下的应力测量问题，以及确定构件的应力集中部位、测量应力集中系数等问题，光弹性法测试方法更显得有效。

18.3.1　明场和暗场

由光源 S、起偏镜 P 和检偏镜 A 就可组成一个简单的平面偏振光场。起偏镜 P 和检偏镜A均为偏振片，各有一个偏振轴(简称为P轴和A轴)。如果P轴与A轴平行，由起偏镜P产生的偏振光可以全部通过检偏镜A，将形成一个全亮的光场，简称为亮场。如果P轴与A轴垂直，由起偏镜P产生的偏振光全部不能通过检偏镜A，将形成一个全暗的光场，简称为暗场。亮场和暗场是光弹性测试中的基本光场。

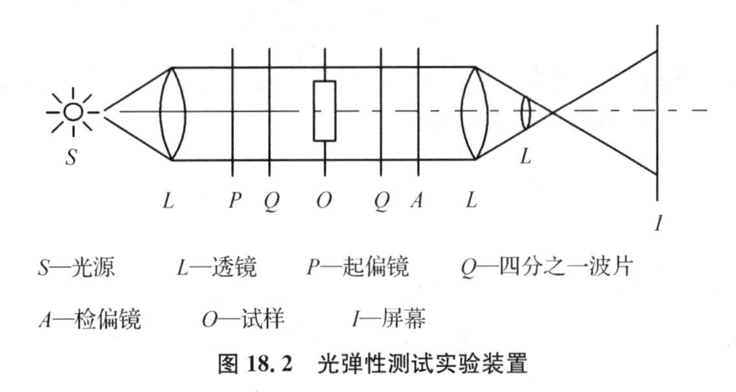

S—光源　L—透镜　P—起偏镜　Q—四分之一波片

A—检偏镜　O—试样　I—屏幕

图 18.2　光弹性测试实验装置

18.3.2　应力-光学定律

当由光弹性材料制成的模型放在偏振光场中时，如模型不受力，光线通过模型后将不发生改变；如模型受力，将产生暂时双折射现象，即入射光线通过模型后将沿两个主应力方向分解为两束相互垂直的偏振光，这两束光射出模型后将产生一光程差δ。实验证明，光程差δ与主应力差值$(\sigma_1-\sigma_2)$和模型厚度t成正比，称为应力-光学定律：即$\delta=Ct(\sigma_1-\sigma_2)$，式中的$C$为模型材料的光学常数，与材料和光波波长有关。

两束光通过检偏镜后将合成在一个平面振动，形成干涉条纹。如果光源用白色光，看到的是彩色干涉条纹；如果光源用单色光，看到的是明暗相间的干涉条纹。

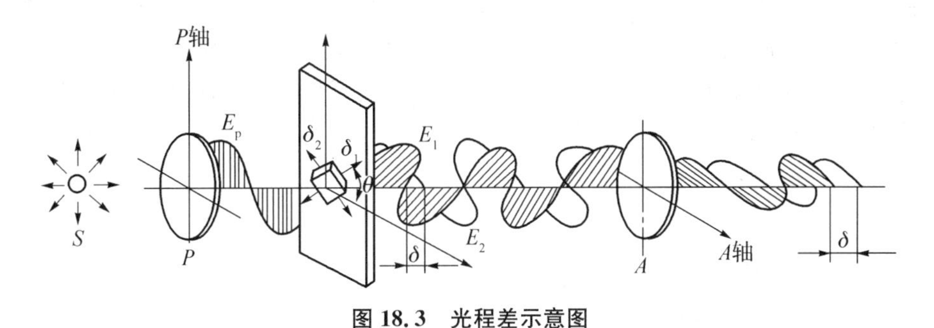

图 18.3　光程差示意图

18.3.3　等倾线和等差线

从光源发出的单色光经起偏镜P后成为平面偏振光，其波动方程为：

$$E_p=a\sin\omega t$$

式中：a为振幅；t为时间；ω为光波角速度。

E_p传播到受力模型上后被分解为沿两个主应力方向振动的两束平面偏振光E_1和E_2。设θ为主应力σ_1与A轴的夹角，这两束平面偏振光的振幅分别为$a_1=a\sin\theta$，$a_2=a\cos\theta$。

一般情况下，主应力 $\sigma_1 \neq \sigma_2$，故 E_1 和 E_2 会有一个角程差 $\varphi = \frac{2\pi}{\lambda}\delta$。假如沿 σ_2 的偏振光比沿 σ_1 的慢，则两束偏振光的振动方程是：

$$E_1 = a\sin\theta\sin\omega t$$
$$E_2 = a\cos\theta\sin(\omega t - \varphi)$$

当上述两束偏振光再经过检偏镜 A 时，都只有平行于 A 轴的分量才可以通过，这两个分量在同一平面内，合成后的振动方程是：

$$E = a\sin\theta\sin\frac{\varphi}{2}\cos\left(\omega t - \frac{\varphi}{2}\right)$$

式中，E 仍为一个平面偏振光，其振幅为：$A_0 = a\sin 2\theta\sin\frac{\varphi}{2}$。

根据光学原理，偏振光的强度与振幅 A_0 的平方成正比，即：

$$I = KA_0^2 = a^2\sin^2 2\theta\sin^2\frac{\varphi}{2}$$

式中的 K 是光学常数。把式 $\delta = Ct(\sigma_1 - \sigma_2)$ 和式 $\varphi = \frac{2\pi}{\lambda}\delta$ 代入上式可得：

$$I = Ka^2\sin^2 2\theta\sin^2\frac{\pi Ct(\sigma_1 - \sigma_2)}{\lambda}$$

由上可以看出，光强 I 与主应力的方向和主应力差有关。为使两束光波发生干涉，相互抵消，必须 $I=0$。所以：

(1) 当 $a=0$，即没有光源，不符合实际。

(2) 当 $\sin 2\theta=0$，则 $\theta=0°$或 $90°$，即模型中某一点的主应力 σ_1 方向与 A 轴平行（或垂直）时，在屏幕上形成暗点。众多这样的点将形成暗条纹，这样的条纹称为等倾线。

在保持 P 轴和 A 轴垂直的情况下，同步旋转起偏镜 P 与检偏镜 A 任一个角度 α，就可得到 α 角度下的等倾线。

(3) 当 $\frac{\pi Ct(\sigma_1 - \sigma_2)}{\lambda} = n\pi$，即：

$$\sigma_1 - \sigma_2 = \frac{n\lambda}{Ct} = n\frac{f_\sigma}{t}(n = 0,1,2,\cdots)$$

式中的 f_σ 称为模型材料的条纹值。满足上式的众多点也将形成暗条纹，该条纹上的各点的主应力之差相同，故称这样的暗条纹为等差线。随着 n 的取值不同，可以分为 0 级等差线、1 级等差线、2 级等差线。

综上所述，等倾线给出模型上各点主应力的方向，而等差线可以确定模型上各点主应力的差（$\sigma_1-\sigma_2$）。但对于单色光源而言，等倾线和等差线均为暗条纹，难免相互混淆。为此，在起偏镜后面和检偏镜前面分别加入 1/4 波片 Q_1 和 Q_2，得到一个圆偏振光场，最后在屏幕上便只出现等差线而无等倾线。有关圆偏振光场，这里不作详述，读者可参阅有关专著。

18.4　演示内容

18.4.1　对径受压圆盘

对于对径受压圆盘，由弹性力学可知，圆心处的主应力为：

$$\sigma_1=\frac{2F}{\pi Dt}\quad \sigma_2=-\frac{6F}{\pi Dt}$$

代入光弹性基本方程可得 $f_\sigma=\frac{t(\sigma_1-\sigma_2)}{n}=\frac{8F}{\pi Dn}$。对应于一定的外载荷 F，只要测出圆心处的等差线条纹级数 n，即可求出模型材料的条纹值 f_σ。实验时，为了较准确地测出条纹值，可适当调整载荷大小，使圆心处的条纹正好是整数级。

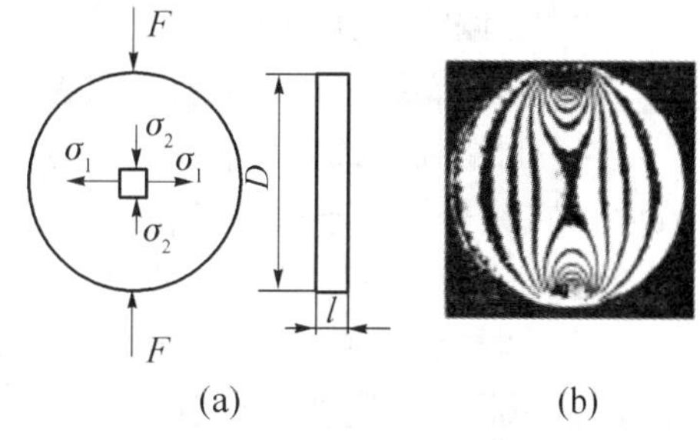

图18.4　对径受压圆盘

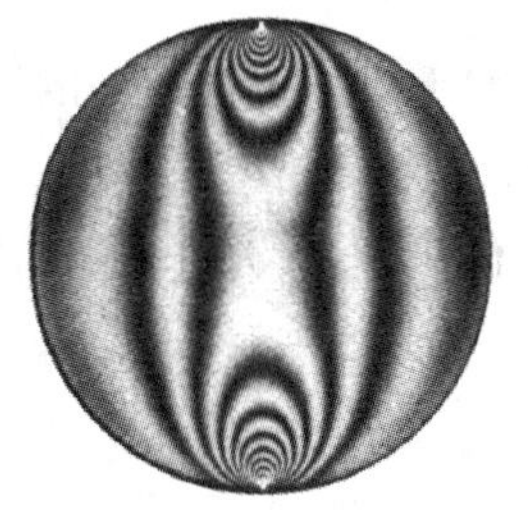

暗场等色线数码图像

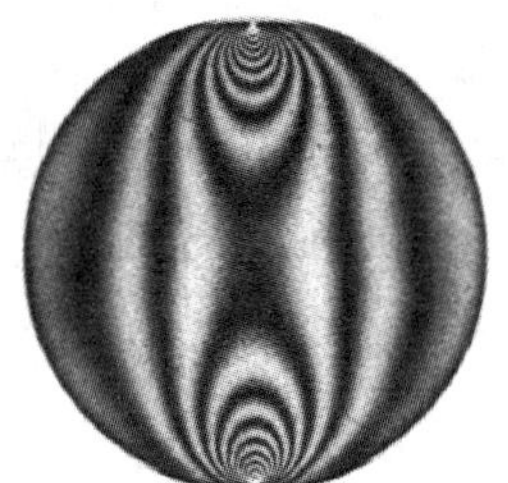

亮场等色线数码图像

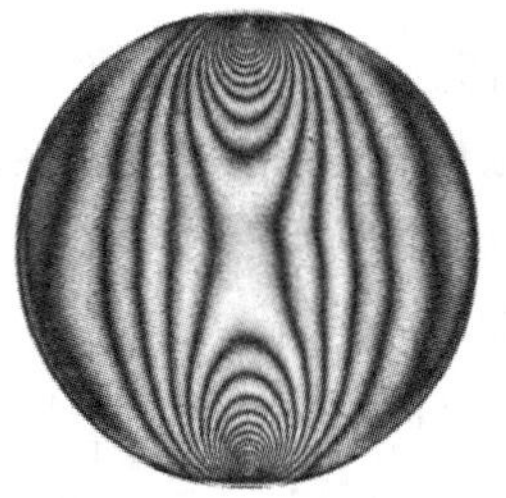

暗场等色线减亮场

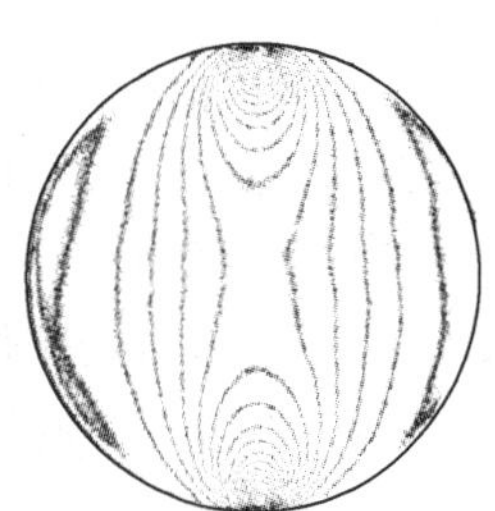

等色线取绝对值的数码图像与灰度

图18.5　对径受压圆盘的光弹干涉条纹

18.4.2　含有中心圆孔薄板的应力集中观察

薄板受拉时，中心圆孔的存在，使得孔边产生应力集中。孔边 A 点的理论应力集中因数为 $K_t=\frac{\sigma_{max}}{\sigma_m}$，式中的 σ_m 为 A 点所在横截面的平均应力，即 $\sigma_m=\frac{F}{at}$，σ_{max} 为 A 点的最大应力。因为 A 点为单向应力状态，$\sigma_1=\sigma_{max}$，$\sigma_2=0$，得 $\sigma_m=\frac{nf_\sigma}{t}$，因此，$K_t=\frac{nf_\sigma\cdot a}{F}$。

实验时，调整载荷大小 F，使得通过 A 点的等差线恰好为整数级 n，再将预先测好的材料条纹值 f_σ 代入上式，即可获得理论应力集中因数 K_t。

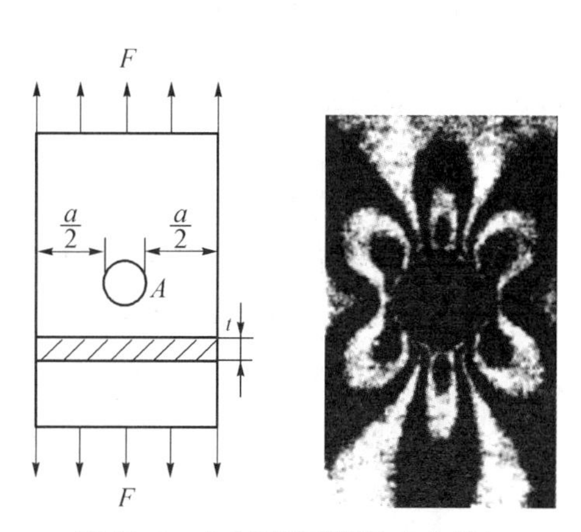

图18.6　中心圆孔薄板的应力集中

18.5 实验步骤

(1) 仪器准备:首先保证设备工作台的各部件完整、牢靠,稳定开启光源箱的点光束,保证光源、偏振片、1/4 波片和场镜,成像的中心在一条轴线上。

(2) 起偏镜、检偏镜的调整。

(3) 同步操纵箱用来调整两偏振器的角度。

(4) 调整数字式载荷显示仪,接通电源,置于“测力”位置,转动“预调”旋钮,置载荷初读数为 0,在将开关置于“标定”位置,用小改锥调节,使读数选定在规定的标定值即可。重复 2～3 遍后,把开关置于“测力”位置,就可以进行加载。

(5) 调整加力架:模型选定好后,调整架子的空间位置,由于加力架为机械传递,配合误差较大,因此注意调整和对中。

(6) 相机的准备:松开滑道上紧轮,调整数码相机位置及最佳投影效果。

(7) 完成拍摄过程:在选定时曝光时间后,开启“开”“闭”“定时”等过程,关闭闪光灯。选择微距拍摄,对准好拍摄的干涉图像,调整好焦距和光圈后,先半按快门,再按下快门拍摄。

(8) 保存拍摄图片:完成拍摄后,用数码相机专用数据线连接到计算机,把拍摄好的图片保存到计算机中,可根据自己的学号建立目录进行存储,以便指导教师检查。

(9) 在计算机的显示器上观察拍摄好的图片,检查图像是否清晰,如果不清晰,应找出原因重新拍摄,直到图像清晰为止。

(10) 收拾工具,将试样放回原处。

18.6 注意事项

(1) 严格避免用手触摸仪器的各光学镜面。

(2) 光学镜面上的灰尘和污渍要用专用工具清除。

(3) 给试样加载时要缓慢,并注意不要过载。

18.7 思考题

(1) 如何在光弹性仪上布置正交平面偏振光场和正交圆偏振光场?

(2) 为何要准确地测定光弹性材料的条纹值?

(3) 如何区分等差线和等倾线?

演示实验 19　转子临界转速实验

19.1　实验目的

(1) 测量转子的第 1 阶临界转速。

(2) 测量转子的伯德图,学习从伯德图识别其临界转速。

(3) 学会使用 JXCRAS 随机信号与数据采集系统旋转机械程序 VmCras 进行测量数据的采集、分析和处理。

19.2　实验装置

转子动力学试验台(图 19.1),转子位置距转子支座 12 cm。与转速传感器、速度计或位移传感器配合使用。

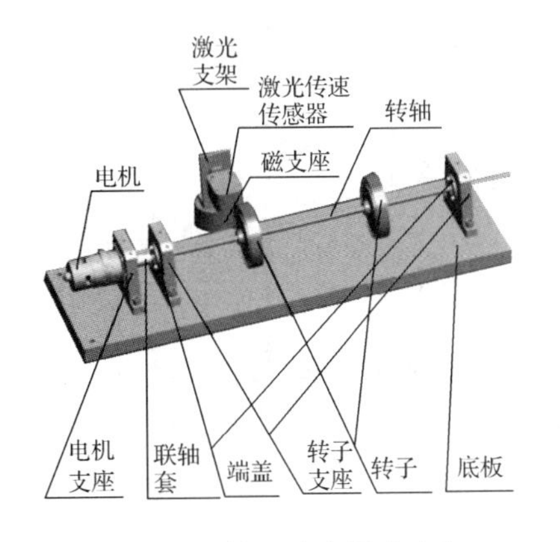

图 19.1　转子动力学试验台

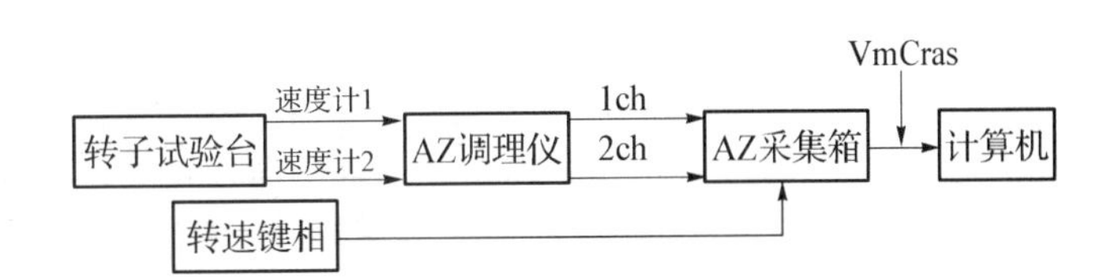

图 19.2　测定转子临界转速的实验框图

转子动力学试验台;调速电机:DC 24 V,可调转子转速;速度传感器;转速传感器;AZ 信号调理仪;AZ 采集箱或 PCI 9111 采集卡、计算机;VmCras 旋转机械程序。

19.3　实验原理

转子在运转时,转子上的干扰力使回转轴弯曲,且产生轴支座的动压力,在该力作用下支座或基础将产生振动。若在支座上安装测量支座振动的传感器,例如速度传感器,就可接受支座速度的振动信号,当回转轴的转速发生变化时,支座的振动也随之变化。所谓转子的伯德图是一张显示振动幅值与相位随着回转轴转速变化而变化的图线。伯德图的振动幅值—转速曲线反映了振动幅值随回转轴转速变化的规律，曲线的极大值所对应的转速便是回转轴轮系的临界转速，第1个极大值处的转速称为第1阶临界转速，依次为第2阶、第3阶……的临界转速。

在临界转速测定中，应用旋转机械程序 VmCras 的外部方式采集数据，通过调压缓慢地改变转子的转速，即可在计算机屏幕上观察到转子的转速及振动信号的变化。采集结束后，通过工具条上的“B”按钮显示伯德图，从伯德图识别临界转速。

19.4 实验步骤

(1) 转子试验台底板四个角上各用一块减振橡胶块垫上。

(2) 按图19.1连接各仪器设备。对于单通道，速度计水平安装于一个支座上，对于双通道，用两个速度计，皆水平安装于两支座上。

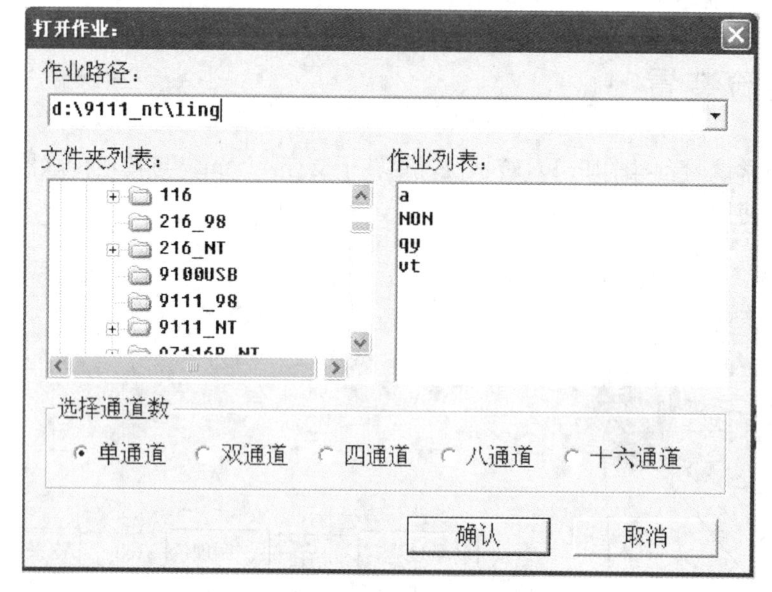

图19.3 建立作业图

(3) 连接计算机电源。

(4) 在 Windows 下调用 SsCras 程序，用敲击法自由运行方式或触发方式采集数据作频谱分析，以确定第1固有频率值(水平敲击转轴或转子)。

(5) 在 Windows 下调用 VmCras 程序，建立作业，选择单通道或双通道，按确认键。

(6) 参数设置

采集方式：外部(图19.4)；

采集时间：60 s；

控制方式：监示采集(图19.5)；

工程单位：mm/s；

校正因子：速度传感器灵敏系数与 AZ 调理仪放大倍率处乘积，试验所采用的速度传感器灵敏系数为 20 mV/(mm · s)，AZ 调理仪放大倍率取 10；

电压范围:10 V;

选择使用转速传感器;

低通滤波 100 Hz。

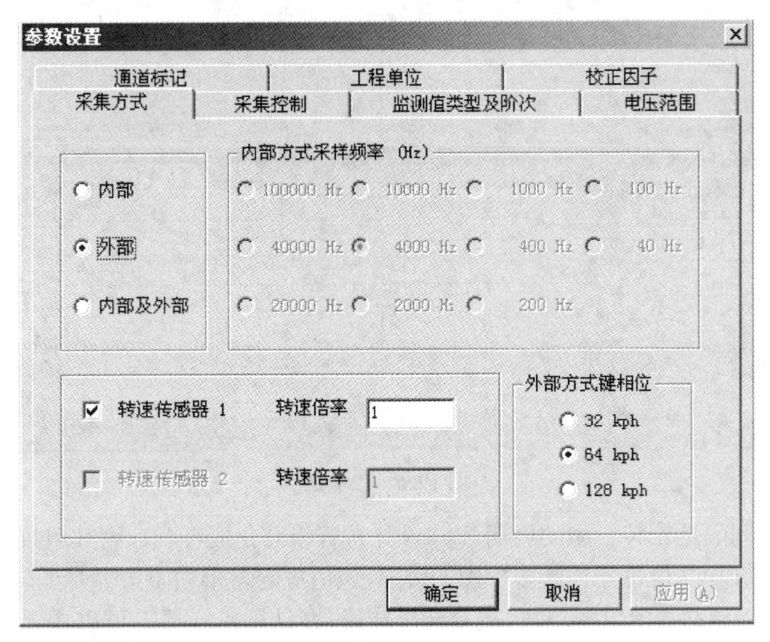

图 19.4　参数设置(采集方式)

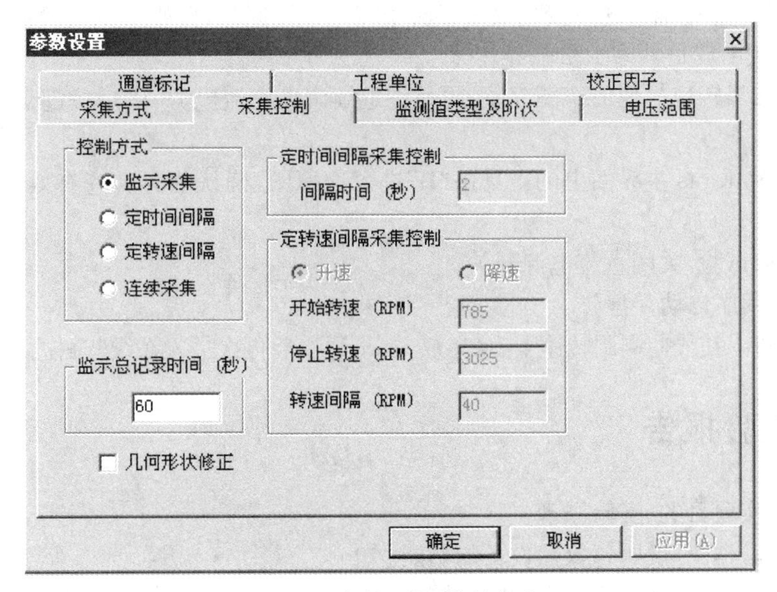

图 19.5　参数设置(控制方式)

(7) 开启直流电源开关,按 VmCras 主界面上在线监测(图 19.6),调压使转子转到某一转速,例如 1 400 转/min。

(8) 按 VmCras 主界面上在线监测正式进行采集,此时在屏幕上可以观察到振动波形,在波形上还有两个空心的小圆,这是键相标记经过转速传感器时打在波形上的标记,两个标

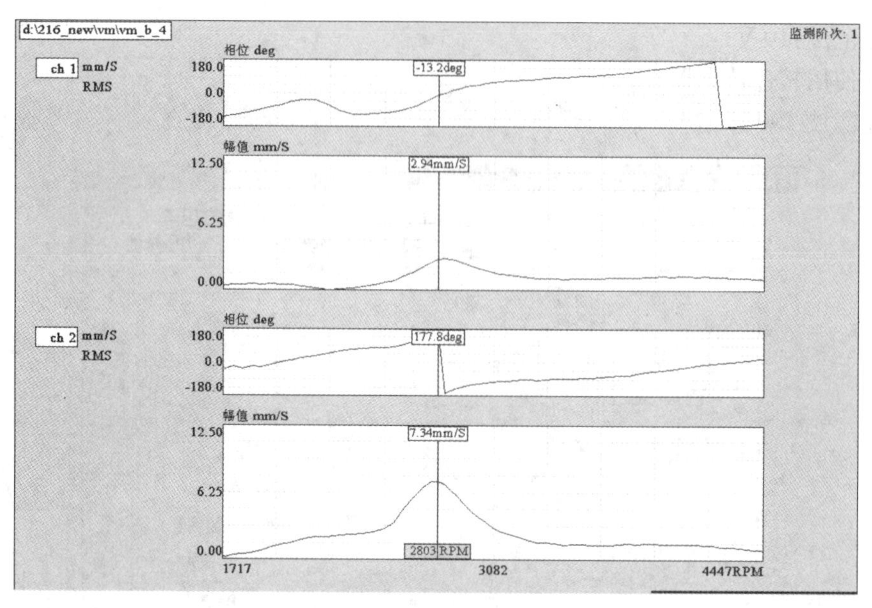

图 19.6 伯德图

记点间的时间间隔是轮转一圈的周期(以 ms 计),若将其化成秒(s),则其倒数便是回转轴的转动频率,再乘以 60 得每分钟转多少圈的转速,该值应与幕屏右下方测量的转速一致。

(9) 缓慢地调高直流电源电压,提高转子转速,在计算机屏幕上可以看到振动信号的振幅和相位变化。当接近转子的临界转速时,振幅明显地增高,随着转速增加,随之可观察到振幅明显地减少。振幅的这种变化反映了转子在某一转速时,振幅达到极大值,该转速便是临界转速,首次出现是其第 1 阶临界转速。

(10) 过临界转速为使伯德图完整,再稍许继续调高直流电源,然后按键盘上"S"键退出在线监测。

(11) 按 VmCras 主界面上的工具条"B"进入伯德图,确认临界转速有效,结束试验,否则重新步骤(6)~(11)。

(12) 结束试验,关闭直流电源开关。

VmCras 程序自动存盘。

注:可先进入在线监测调转速至 1 400 转/min,退出后再次进入在线监测进行正式测量。

19.5 实验报告

(1) 简述实验目的、实验原理。

(2) 画实验框图,说明各仪器设备的功能。

(3) 打印伯德图,从伯德图识别临界转速。

19.6 问题讨论

(1) 用敲击法测定回转轴轮系的固有频率,与测得的临界转速比较,其结果说明什么?

(2) 若两转子相对靠近,临界转速如何变化?

演示实验 20　数字散斑干涉法

20.1　实验目的

通过数字散斑干涉，观测集中载荷作用下的悬臂梁侧表面的面内位移分布，包括对称性、中性线等；观察中心受压圆盘表面的离面位移分布。

20.2　实验仪器和模型

数字散斑干涉仪，图像卡，电子计算机，悬臂梁试件及加载附件，中心受压圆盘及加载装置。

20.3　实验原理

散斑干涉法是 20 世纪 70 年代发展起来的一种光测实验力学方法，它是一种非接触式的测量物体位移和应变的技术。漫反射表面被激光照明时，在空间出现随机分布的亮斑和暗斑，称为散斑。散斑随物体的变形或运动而变化。采用适当的方法，对比变形前后的散斑图的变化，就可以高度精确地检测出物体表面各点的位移，这就是散斑干涉法。

1960 年随着激光的诞生，全息技术得到快速发展，伴随全息存在的散斑效应开始引起人们的注意，不过一开始散斑被作为全息噪声来进行研究，而随着对散斑现象研究的深入，人们发现，在一定的范围内，散斑场的运动是与物体表面上各点的运动一一对应的。由于散斑和被照射物体表面存在着固定的关系，人们在物体位移前和位移后分别将散斑记录在一张照相底片上。底片上的复合散斑图即反映了物体表面各点位移的变化，通过适当处理可以将这种位移信息显露出来而加以测量，这就是激光散斑干涉法。20 世纪 70 年代人们逐渐采用光电子器件（摄像机）代替全息底片记录散斑图并存储在磁带上，由摄像机输入的物体变形后的散斑图通过电子处理方法不断与磁带中存储的物体变形前的散斑图进行比较，在监视器上显示散斑干涉条纹，这种方法称为电子散斑干涉法（Electronic Speckle-Pattern Interferometry，ESPI）。20 世纪 80 年代后，随着计算机技术、CCD（Charge-Coupled Devices，电荷耦合器件）和数字图像处理技术的快速发展，散斑计量技术进入数字化时代，出现了数字散斑干涉法（Digital Speckle-Pattern Interferometry，DSPI）。数字散斑干涉法把物体变形前后的散斑图通过采样和量化变成数字图像，通过数字图像处理再现干涉条纹或相位分布，目前已经取代了电子散斑干涉法。

散斑干涉法记录的散斑图是由漫射物面的随机漫射子波与另一参考光波之间的干涉效应而形成，也称为双光束散斑干涉法。散斑干涉法可用于面内位移测量和离面位移测量，针对不同的测量要求，散斑干涉法具有不同的测量系统。

在散斑干涉法中，两次曝光记录被叠加，由于背景光强的干扰，直接从双曝光散斑图上看不到干涉条纹，因此需要进行滤波消除不需要的直流分量。而在数字散斑干涉法中，两次曝光记录被独立进行处理，通过相减就能去除直流分量。

20.3.1 面内位移测量

测量 x 方向面内位移分量的数字散斑干涉系统的光路图如图 20.1 所示。用两束准直光波对称照射物面，两束光与物面法线夹角均为 θ。散射光波成像于 CCD 相机的靶面，并相干叠加而在 CCD 靶面产生合成散斑场。

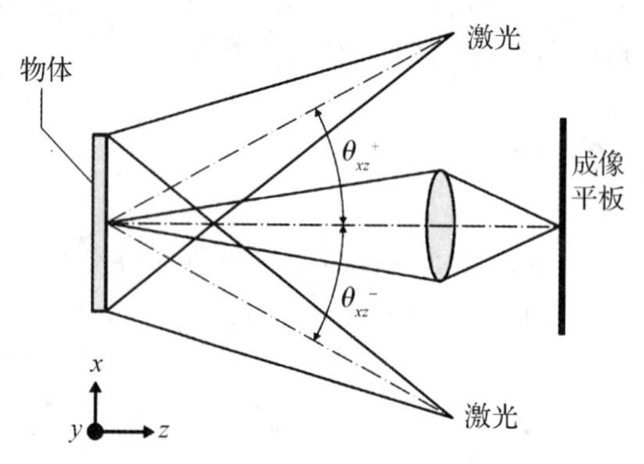

图 20.1 面内位移数字散斑干涉系统

物体变形前 CCD 靶面的光强分布为：

$$I_i(x,y) = I_1 + I_2 + 2\sqrt{I_1 I_2}\cos\varphi$$

式中：I_1 和 I_2 分别为对应于两束入射光波的光强分布；φ 为两束入射光波的相位差。

同理，变形后 CCD 靶面的光强分布为：

$$I_f(x,y) = I_1 + I_2 + 2\sqrt{I_1 I_2}\cos(\varphi + \delta)$$

式中：$\delta = \frac{4\pi}{\lambda}u\sin\theta$，$u$ 为沿 x 方向的面内位移分量。

通过相减模式，两幅数字散斑图相减所得差的平方可表示为：

$$(I_f - I_i)^2 = 8I_1 I_2 \sin^2\left(\varphi + \frac{\delta}{2}\right)(1 - \cos\delta)$$

上述方程中的正弦项对应于高频噪声，通过低通滤波可以平方的正弦项，由此可得系综平均为：

$$B = <(I_f - I_i)^2> = 4I_1 I_2(1 - \cos\delta)$$

因此当满足条件 $\delta = 2n\pi(n = 0, \pm 1, \pm 2, \cdots)$ 时，条纹亮度将达到最小，即暗条纹将产生于：

$$u = \frac{n\lambda}{2\sin\theta}(n = 0, \pm 1, \pm 2, \cdots)$$

当满足条件 $\delta=(2n+1)\pi(n=0,\pm 1,\pm 2,\cdots)$ 时，条纹亮度将达到最大，即亮条纹将产生于：

$$u=\frac{(2n+1)\lambda}{4\sin\theta}(n=0,\pm 1,\pm 2,\cdots)$$

集中载荷作用在悬臂梁自由端附近，悬臂梁在变形前、后的两幅干涉散斑图相减后的条纹图，见图 20.2。

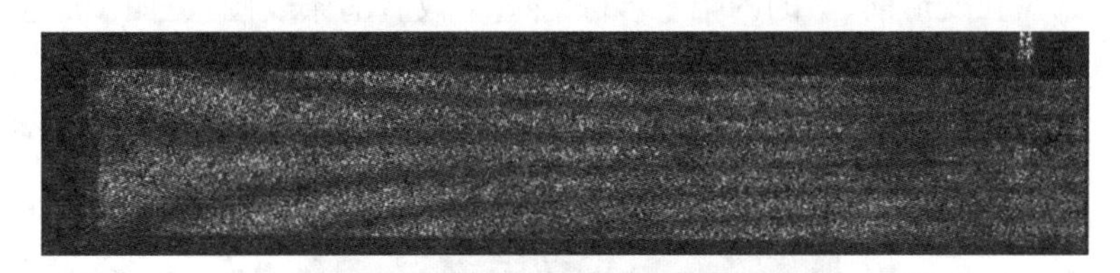

图 20.2　悬臂梁的面内位移等值条纹

图像上的条纹为沿 x 方向的等位移线，通过图像可以直接观察梁侧表面位移场的分布，进一步采用相移技术可以直接得到条纹的相位分布。

20.3.2　离面位移测量

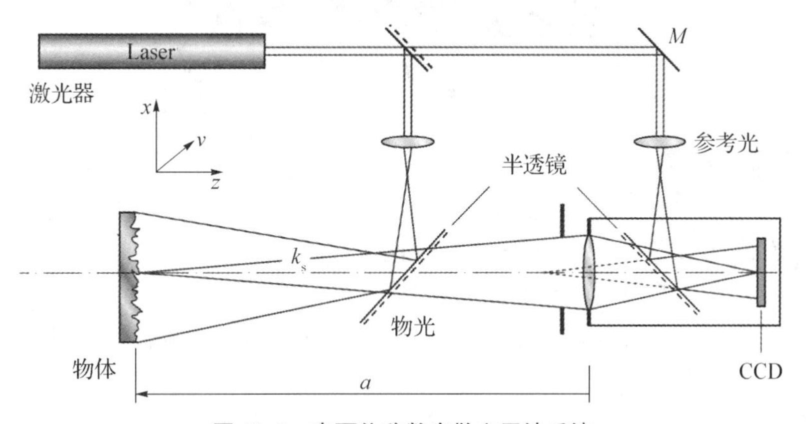

图 20.3　离面位移数字散斑干涉系统

用于测量离面位移的数字散斑干涉系统（麦克尔逊光路），见图 20.3。物体变形前在第一帧存中记录的光强分布为：

$$I_i(x,y)=I_0+I_r+2\sqrt{I_0 I_r}\cos\varphi$$

式中：I_0 和 I_r 分别为对应物体光波和参考光波的光强分布；φ 为两光波之间的相位差。

物体变形后在第二帧存中记录的光强分布为：

$$I_f(x,y)=I_0+I_r+2\sqrt{I_0 I_r}\cos(\varphi+\delta)$$

式中：$\delta=\frac{4\pi}{\lambda}w$，$w$ 为离面位移分量。

采用相减模式，两幅数字散斑图相减所得差的平方经过低通滤波，得：

$$B=4I_0 I_r(1-\cos\delta)$$

因此当满足条件 $\delta = 2n\pi(n = 0, \pm 1, \pm 2, \cdots)$ 时，条纹亮度将最小，即暗条纹产生于：

$$w = \frac{n\lambda}{2}(n = 0, \pm 1, \pm 2, \cdots)$$

当满足条件 $\delta = (2n+1)\pi(n = 0, \pm 1, \pm 2, \cdots)$ 时，条纹亮度将最大，即亮条纹产生于：

$$w = \frac{(2n+1)\lambda}{4}(n = 0, \pm 1, \pm 2, \cdots)$$

中心受压圆盘在变形前、后的两幅干涉散斑图相减后的条纹图，见图 20.4，图像上的条纹为沿 Z 方向的等位移线。

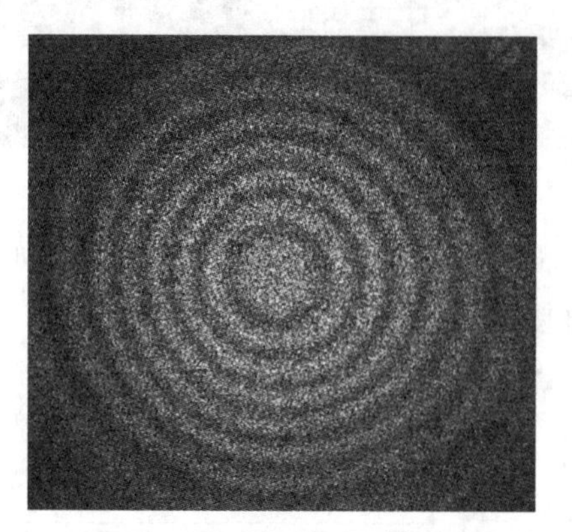

图 20.4　中心受压圆盘的离面位移等值条纹

20.4　实验步骤

1. 分别按图 20.1 和图 20.3 所示方案布置好光路。
2. 开启电源，打开电脑，打开图像采集软件。
3. 用均匀的白光作为光源照射在被测物表面，在计算机中观察并同时调节镜头，使 CCD 对物体成清晰像。
4. 关闭白光光源，打开激光器光源，使激光均匀照明被测物面。
5. 采用图像采集软件采集图像，具体步骤：

(1) 连接图像卡，进入 ESPI 方式；

(2) 点击 GRAB，抓取第一幅图像；

(3) 给试件加载；

(4) 点击 SBTRACT，进行实时相减；

(5) 点击 STOP，获取干涉条纹图像并存于计算机。

20.5　实验数据及处理

20.5.1　面内位移测量

梁试件的横截面尺寸 h=________mm，b=________mm，

镜头到试件间的垂直距离＝________mm。

根据实验图像，分析集中载荷作用下的悬臂梁侧表面位移分布规律。

20.5.2　离面位移测量

根据测试图像，识别条纹级数，给出中轴线上暗条纹所对应的图像坐标，填入下表。

坐标(pixel)									
条纹级数									
挠度									

20.6　实验中用到的公式和参数

1. 周边固支圆板中心加载的挠度弹性理论计算公式：

$$w=\frac{r_2F}{8\pi D}\ln\frac{r}{a}+\frac{F}{16\pi D}(a^2-r^2)\quad D=\frac{Et^3}{12(1-v^2)}$$

其中：a 为测点的位置，r 为圆板的半径，t 为圆板的厚度。

2. 挠度与条纹级数的关系：

$$w=\frac{n\lambda}{2}(n=0,1,2,3,\cdots)$$

其中：λ 为激光的波长，本实验取值 633 nm。

演示实验21 数字散斑剪切干涉法

21.1 实验目的

通过挠曲线的导数场，观察周边固支圆盘受均布法向载荷作用各点的离面位移导数变化。

21.2 实验仪器和模型

剪切散斑干涉仪，微型电子计算机和操作软件，均匀受压圆盘及加载装置。

21.3 实验原理

上一节中介绍的散斑干涉法主要适用于面内位移和离面位移的测量，而在力学中，我们往往需要的是应变，即位移的导数，由 Y. Y. Hung 提出的剪切散斑干涉法，可以直接得到位移的导数，而且可以大大改善条纹的质量。

散斑剪切干涉法由准直激光照射物体，物面散射光聚焦于 CCD 相机的成像靶面（初始时 M_1、M_2 为相互垂直的两块平面反射镜），此时物面散射光一部分通过半反半透镜 B 直接到达 CCD 成像靶面，还有一部分经平面反射镜 M_1、M_2 反射后到达 CCD 成像靶面，二者干涉形成散斑场。再通过倾斜其中的一块平面反射镜 M_2 引起像面上两个散斑场相互剪切，两个剪切散斑场相干叠加产生合成散斑场。散斑剪切干涉法可用于离面位移导数的测量。图 21.1 是数字散斑剪切干涉（Digital Speckle-Shearing-Pattern Interferometry，DSSPI）系统的光路图。

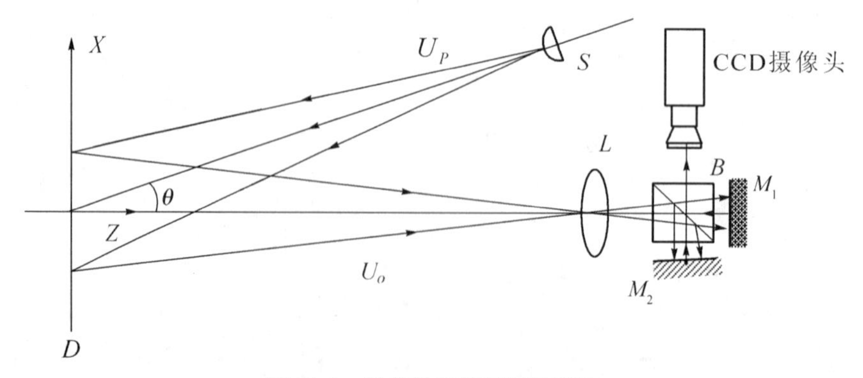

图 21.1 数字散斑剪切干涉系统

变形前CCD靶面上的光强分布为：

$$I_i(x,y)=I_1+I_2+2\sqrt{I_1I_2}\cos\varphi$$

式中：I_1 和 I_2 分别为对应于两个剪切散斑场的光强分布，φ 为两个散斑场之间的相位差。

同理，变形后CCD靶面上的光强为：

$$I_f(x,y)=I_1+I_2+2\sqrt{I_1I_2}\cos(\varphi+\delta)$$

式中：$\delta=\frac{4\pi}{\lambda}\frac{\partial w}{\partial x}\Delta$，$\Delta$ 为物面剪切量，$\frac{\partial w}{\partial x}$为离面位移沿 x 方向的偏导数（斜率）。

I_1 和 I_2 之差平方的系综平均为：

$$B=<(I_f-I_i)^2>=4I_1I_2(1-\cos\delta)$$

显然，暗条纹将产生于 $\delta=2n\pi$，即：

$$\frac{\partial w}{\partial x}=\frac{n\lambda}{2\Delta}(n=0,\pm1,\pm2,\cdots)$$

亮条纹将产生于 $\delta=(2n+1)\pi$，即：

$$\frac{\partial w}{\partial x}=\frac{(2n+1)\lambda}{4\Delta}(n=0,\pm1,\pm2,\cdots)$$

图21.2所示为周边固支圆盘受均布法向载荷作用变形前、后的两幅干涉散斑图相减后的条纹图。条纹密的地方斜率比较大，条纹稀疏的地方斜率变化比较小，位于同一条纹上的点 x 方向的斜率相同。

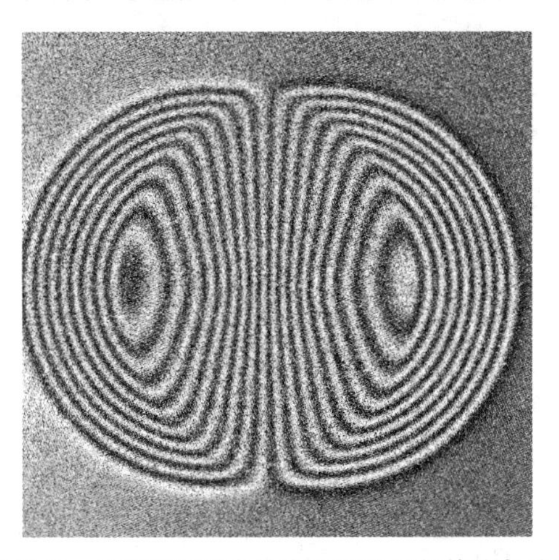

图21.2　均布受压圆盘的离面位移导数等值条纹图

21.4　实验步骤

1. 按图示方案布置光路。
2. 将被测物放在仪器正前方，被测物中心线与仪器成像光路中心线一致；将CCD与电脑连接。

3. 开启电源，打开电脑，打开图像采集软件。

4. 用均匀的白光作为光源照射在被测物表面，在计算机中观察并同时调节镜头物距使CCD清晰成像。

5. 关闭白光光源，打开激光器电源使得其出光。调节扩束镜，使光均匀照射在试件表面。

6. 采用图像采集软件采集图像，具体步骤如下：

(1) 打开软件，进入实时采集状态；

(2) 调节剪切镜，至图像产生水平错位(或竖直方向错位)；

(3) 点击 SBTRACT，进行实时相减，此时实时显示一般为全黑或半暗，无条纹出现；

(4) 对圆盘试件中心加载产生离面位移(w 方向)，此时图像采集窗口可观察到类似于图 21.2 的条纹出现，且条纹数量随载荷的增大而增多；

(5) 点击 STOP，获取 $\frac{\partial w}{\partial x}$ 离面位移导数图像，将图像存入计算机。

21.5 实验数据及处理

根据测试图像，识别条纹级数填入下表。

坐　标									
条纹级数									

附录 1　实验数据处理和不确定度概念

1.1　有效数字

1.1.1　有效数字的位数

有效数字是指在表达一个数量时，其中的每一个数字都是准确的、可靠的，而只允许保留最后一位估计数字，这个数量的每一个数字为有效数字。

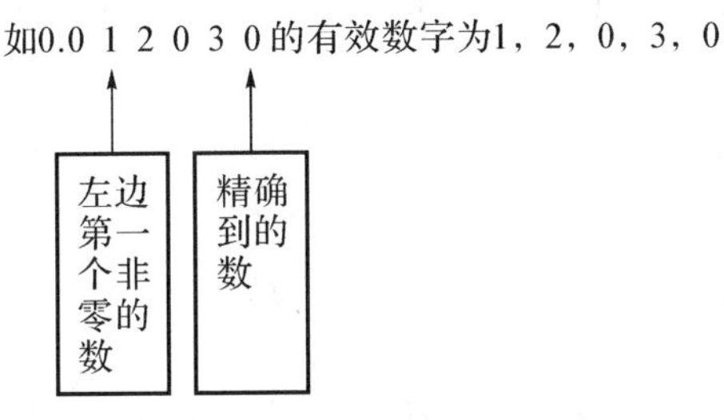

附图 1.1　有效数字示例

对于一个近似数，从左边第一个不是 0 的数字起，至精确到的位数为止，所有的数字都叫做这个数的有效数字。

用有效数字表达一个数量时，其中的每一个数字都是准确的、可靠的，而只允许保留最后一位估计数字，这个数量的每一个数字即为有效数字。

(1) 纯粹理论计算的结果：如 π、e 等，它们可以根据需要计算到任意位数的有效数字，如 π 可以取 3.14，3.141，3.141 5，3.141 59 等。因此，这一类数量其有效数字的位数是无限制的。

(2) 测量得到的结果：这一类数量其末一位数字往往是估计得来的，因此具有一定的误差和不确定性。例如用游标卡尺测量试样的直径为 10.46 mm，其中百分位是 6，因游标卡尺的精度为 0.02 mm，所以百分位上的 6 已不大准确，而前三位数是肯定准确、可靠的，最后一位数字已带有估计的性质。所以对于测量结果只允许保留最后一位不准确数字，这是一个四位有效数字的数量。

1.1.2　有效数字的运算规则

根据 GB/T 8170—2008《数值修约规则与极限数值的表示和判定》，在近似数运算中，为了确保最后结果尽可能高的精度，所有参加运算的数据，在有效数字后可多保留一位数字作为参考数字，或称为安全数字。

(1) 加减运算

运算结果的有效数字的末位应与小数点位最高的分量末位对齐。

举例：$x = 189.6, y = 6.238, z = 4.36$，则 $f = x + y - z \approx 189.6 + 6.24 - 4.36 = 191.48 \rightarrow 191.5$ cm。与小数点位最高的分量 189.6 末位对齐。

(2) 乘除运算

以有效位数最少的分量为准，将其他分量取到比它多一位，计算结果的有效位数和有效位数最少的分量相同。

举例：$l = 12.86, t = 1.53$，求 $f = \frac{l}{\pi t^2}$。

$$f = \frac{l}{\pi t^2} = \frac{12.86}{3.142 \times 1.53^2} = 1.748$$

最终结果为：1.75。取有效位数最少 1.53 分量的有效位数。

(3) 乘方和开方运算

乘方和开方结果的有效数字同乘除运算。

(4) 函数的运算规则及有效数字

通常函数的有效数字同自变量的有效数字。

1.2 实验数值修约

1.2.1 数值修约规则概述

测量结果及其不确定度同所有数据一样都只取有限位，多余的位应予修约。数值修约规则采用国家标准 GB/T 8170—2008《数值修约规则与极限数值的表示和判定》规定。修约规则与修约间隔有关。

修约间隔是确定修约保留位数的一种方式。修约间隔一经确定，修约值即应为该数值的整数倍。例如，指定修约间隔为 0.1，修约值即应在 0.1 的整数倍中选取；指定间隔为 100，修约值应在 100 的整数倍中选取，相当于将数值修约到“百”数位。

数值修约时首先要确定修约数位，具体规定如下：

(1) 指定修约间隔为 10^{-n}（n 为正整数），或指明将数值修约到 n 位小数；

(2) 指定修约间隔为 1，或指明将数值修约到个位数；

(3) 指定修约间隔为 10^n，或指明将数值修约到 10^n 位数（n 为正整数）。

1.2.2 进舍规则

(1) 拟舍弃数字的最右一位小于 5 时，则舍去，即保留各位数字不变。

(2) 拟舍弃数字的最右一位大于 5 或是 5，但其后跟有并非全部为 0 的数字时，则进 1，即保留的末尾数字加一。

(3) 拟舍弃数字的最右一位为 5，而右面无数字或皆为 0，若保留的末位数字为奇数（1、3、5、7、9）则进 1，为偶数（2、4、6、8、0）则舍去。以上记忆口诀为“5 下舍去 5 上进，5 整单进双舍去”。例：

修约到 1 位小数：12.149 8→12.1

修约到个位数：10.502→11

修约到百位数:1268→13×10^{2}

修约间隔 0.1:1.050→1.0,0.350→0.4

修约间隔 10^{3}:2 500→2×10^{3},3 500→4×10^{3}

注意:本进舍规则不许连续修约。

例如:修约 15.454 6,修约间隔为 1。

正确的做法为:15.454 6→15

不正确的做法为:15.454 6→15.455→15.46→15.5→16

在具体实施中有时先将获得数值按指定位数多一位或几位报出然后再判定。为避免产生连续修约的错误,应按下述步骤进行:

(1) 报出数字最后的非 0 数字为 5 时应在数值后加(+)、(−)或不加,已分别表明已进行过舍、进或未舍未进。如 16.50(+) 表示实际值大于 16.50,经修约舍弃而成为 16.50。

(2) 如判定报出值需修约,当拟舍数字的最左一位数字为 5 而后面无数字或皆为 0 时,数值后面有(+)者进 1,数值后有(−)者舍去,其他仍按进舍规则进行,如附表 1.1 所示。

附表 1.1　报出值修约示例

实测值	报出值	修约值
15.454 6	15.5(−)	15
16.520 3	16.5(+)	17
17.500 0	17.5	18

1.2.3　0.5 及 0.2 单位修约

有时需用 0.5 单位修约或 0.2 单位修约。

0.5 单位修约法:将拟修约数字乘 2,按指定数位依进舍规则修约,所得数值再除以 2。例如:将下列数修约至个位数的 0.5 单位。

附表 1.2　0.5 单位修约法示例

拟修约值 (A)	拟修约值乘 2 (2A)	2A 修约值 (修约间隔为 1)	A 修约值 (修约间隔为 0.5)
60.25	120.50	120	60.0
60.38	120.76	121	60.5
60.75	121.50	122	61.0

0.2 单位修约法:将拟修正数乘 5,按指定数位依进舍规则修约,所得数字再除以 5。例如:将下列数字修约至个位数的 0.2 单位。

附表 1.3　0.2 单位修约法示例

拟修约值 (A)	拟修约值乘 5 (5A)	5A 修约值 (修约间隔为 1)	A 修约值 (修约间隔为 0.2)
8.42	42.10	42	8.4

1.2.4　最终测量结果修约

最终测量结果应不再含有可修正的系统误差。

力学试验所测定的各项性能指标及测试结果的数值一般是通过测量和运算得到的。由于计算的特点，其结果往往出现多位或无穷多位数字。但这些数字并不是都具有实际意义。在表达和书写这些数值时必须对它们进行修约处理。对数值进行修约之前应明确保留几位数有效数字，也就是说应修约到哪一位数。性能数值的有效位数主要决定于测试的精确度。例如，某一性能数值的测试精确度为±1%，则计算结果保留 4 位或 4 位以上有效数字显然没有实际意义，夸大了测量的精确度。在力学性能测试中测量系统的固有误差和方法误差决定了性能数值的有效位数。

1.3　误差的概念

1.3.1　真值的概念

被测对象的真实值（客观存在的值）即为被测对象的真值。真值往往是未知的，只有在三种状态下，真值被认为是已知的，即：计量学规定真值、理论真值和相对真值。

计量学规定真值：国际计量大会决议通过定义的某些基准量值，称为计量学规定真值或计量学约定真值。例：长度 1 m 的定义，指光在真空中 1/299 792 458 s 时间间隔内的行程长度。

理论真值：由公认的理论公式导出的结果或由规定真值经过理论公式推导而导出的结果。例：三角形内角之和为 180°，圆周率 π＝3.141 592…。

相对真值：通过计量量值传递而确定的量值基准，算术平均值也可作为相对真值。由此可见，相对真值本身已具有误差。

1.3.2　误差的概念

误差是指某被测量的测量值与其真实值（或称真值）之间的差别。由于真值通常是未知的，因而误差具有不确定性。通常只能估计误差的大小及范围，而不能确切指出误差的大小。由于误差来源和性质的不同，误差表现出各种各样的规律。因而根据使用目的的不同，常使用不同的表示方法来表示误差的大小。

根据测量对象的不同，测量误差可用多种方法表示。

绝对误差：指测量值与真值之差，即：绝对误差＝测量值－真值。

相对误差：有利于评价测量过程的质量和水平，即：

$$\text{相对误差}=\frac{\text{绝对误差}}{\text{被测真值}}\times 100\%$$

引用误差：用于衡量仪器的测量误差，即：

$$\text{引用误差}=\frac{\text{示值误差}}{\text{最大示值}}\times 100\%$$

误差的来源是多方面的，主要有以下几个方面。

测量装置误差：包括试验设备、测量仪器或仪表带来的误差。如设备加工粗糙、安装调试不当、缺少正确的维护保养、设备磨损等仪器传递误差、非线性、滞后、刻度不准等带来的误差。

测量环境误差：主要指环境的温度、湿度、气压、振动、电场、磁场等与要求的标准状态不一致，引起的测量装置和被测量本身的变化所造成的测量误差。

测量方法误差：指测量的方法不当而引起的测量误差。例如使用钢卷尺测量圆柱体的直径，方法本身就不合理。

测量人员误差：指测量者的分辨能力、熟练程度、精神状态等因素引起的测量误差。

按误差的性质，通常将误差分为随机误差、系统误差和粗大误差三类。

(1) 随机误差：在相同条件下，对同一对象进行多次重复测量时，有一种大小和符号(正、负)都随机变化的误差，该误差被称为随机误差。就单次测量而言，测量中出现的随机误差没有规律，即大小、正负都不确定，但对于多次重复测量，随机误差符合统计规律，可用统计学的方法来处理。大多数随机误差符合正态分布规律。符合正态分布的随机误差具有以下特点：

对称性：绝对值相等的正误差与负误差出现的概率相等。

单峰性：绝对值小的误差出现的概率大，而绝对值大的误差出现的概率小。

有界性：在有限次测量中，随机误差的绝对值不会超过一定界限。

抵偿性：随着测量次数的增加，随机误差 ε_i 的代数和 $\sum_{i=1}^{n}\varepsilon_i$ 趋于零。

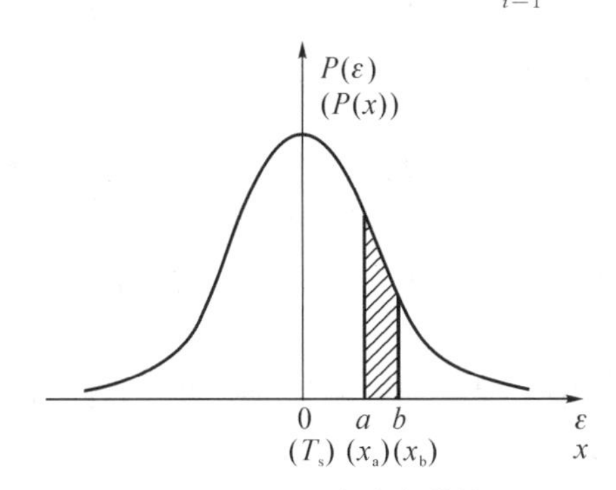

附图 1.2　正态分布曲线

(2) 系统误差：在相同条件下，对同一对象进行多次测量时，有一种大小和符号都保持不变，或者按某一确定规律变化的误差，称为系统误差。

按系统误差出现的特点以及对测量结果的影响，可分为定值系统误差和变值系统误差两大类。

定值系统误差，在整个测量过程中，误差的大小和符号都是不变的。

变值系统误差，在测量过程中，误差的大小和符号按一定的规律变化。根据变化的规律有：

①累积性系统误差(或称线性变化系统误差)，在整个测量过程中，随着测量时间的增长或测量数值的增大，误差逐渐增大或减小。

②周期性系统误差：误差的大小和符号呈周期性变化。

③按复杂规律变化的系统误差：这种误差在测量过程中按一定的但比较复杂的规律变化。

附图 1.3 为几种常见的系统误差随时间变化的曲线。

根据对系统误差掌握的程度，系统误差又可分为“确定系统误差”和“不确定系统误差两类”。确定系统误差是指误差取值的变化规律和具体数值都已知，通过修正方法可消除的这类系统误差。不确定系统误差是指误差的具体数值、符号（甚至规律）都未确切掌握，但不是随机误差，它没有随机误差的可抵偿性特征的这类系统误差。

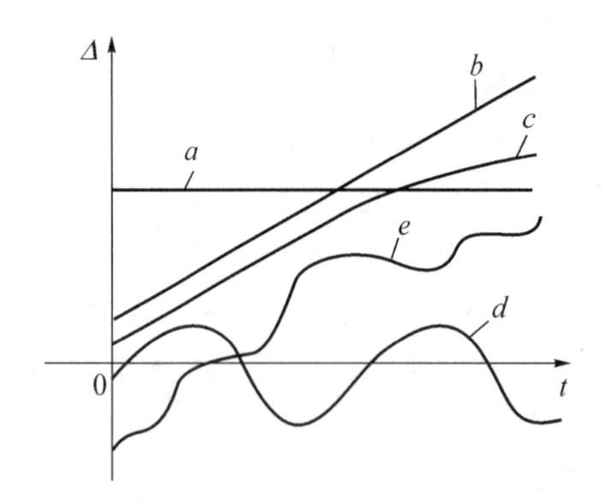

(*a*) 为定值系统误差
(*b*) 为线性变化(或近似线性变化)的系统误差
(*c*) 为非线性变化的系统误差
(*d*) 为周期性变化的系统误差
(*e*) 为按复杂规律变化的系统误差

附图 1.3　几种常见的系统误差

（3）粗大误差：由于测试人员的粗心大意而造成的误差。例如，测试设备的使用不当或测试方法不当，实验条件不合要求，错读、错记、偶然干扰误差等造成明显歪曲测试结果的误差。粗大误差通常具有明显特点，可以将测量数据从多次测量结果中剔除。

1.3.3　测量数据精度的概念

测量结果与真值的接近程序，称为精度。它与误差的大小对应。误差小则精度高，误差大则精度低。目前常用下述三个概念来评价测量精度。

准确度：反映测量结果中系统误差的影响程度。表示测试数据的平均值与被测量真值的偏差。

精密度：反映测量结果中随机误差的影响程度。表示测试数据相互之间的偏差，亦称重复性。精密度高，则测试数据点比较集中。

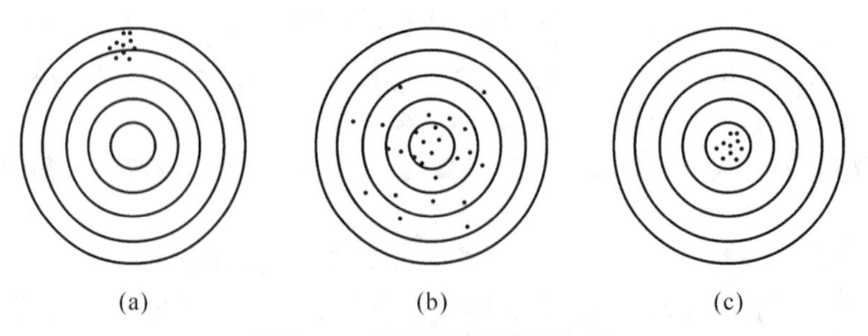

附图 1.4　数据精度比较示意图

精确度：反映测量结果中系统误差和随机误差的综合影响程度。精确度高则系数误差和随机误差都小，因而其准确度和精密度必定都高。

准确度、精密度和精确度三者的含义，可用附图 1.4 打靶的情况来描述。图中(a)的精密度很高，即随机误差小，但准确度低，有较大的系统误差；(b)表示精密度不如(a)，但准确度较(a)高，即系统误差不大；(c)表示精密度和准确度都高，即随机误差和系统误差都不大，即精确度高。我们希望得到精确度高的测量结果。

1.4　测量不确定度

1.4.1　不确定度的概念

测量误差与不确定度是计量测试的基本问题，任何计量测试都不可避免地存在着测量误差或不确定度。计量测试的直接目的，通常在于得出被测量的量值(数值×计量单位)及其测量误差或不确定度。量值体现被测量的大小，而测量误差或不确定度反映量值的可疑程度。也可以从另一个角度说，测量误差或不确定度是测量精度或可信程度的反映，测量误差或不确定度越小，测量精度或可信程度就越高。只有量值而无测量误差或不确定度的数据不是完整的测量结果，也就不具备充分的社会实用价值。所以，实验报告上的结果应给出测量结果的不确定度，测量结果的报告应尽量详细。

完整的测量结果至少含有两个基本量：一是被测量的最佳估计值，在很多情况下，测量结果是在重复观测的条件下确定的；二是描述该测量结果分散性的量，即测量结果不确定度。报告测量结果的不确定度有合成标准不确定度和扩展不确定度两种方式。在报告与表示测量结果及其不确定度时，对两者数值的位数，技术规范 JJF 1059—1999《测量不确定度评定与表示》做出了相应的规定。它合理地说明了测量值的分散程度和真值所在范围的可靠程度。不确定度亦可理解为，一定置信概率下误差限的绝对值。测量不确定度是测量质量的指标，是对测量结果残存误差的评估。

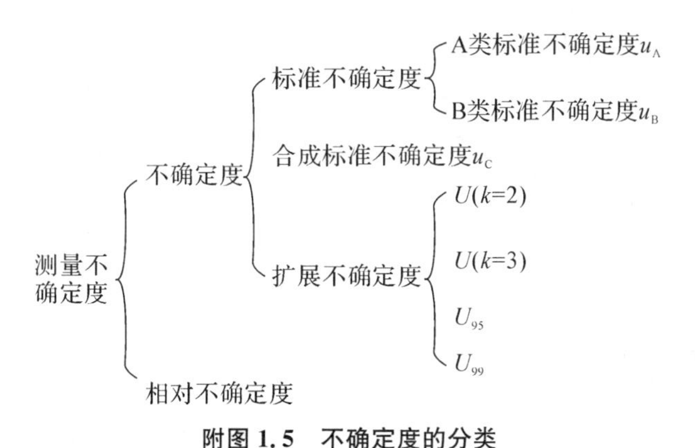

附图 1.5　不确定度的分类

1.4.2　不确定度的术语

(1) 标准不确定度：不确定度是说明测量结果可能的分散程度的参数。可用标准偏差表示，也可用标准偏差的倍数或置信区间的半宽度表示。

A 类标准不确定度：用统计方法得到的不确定度。

B类标准不确定度:用非统计方法得到的不确定度。

(2) 合成标准不确定度:由各不确定度分量合成的标准不确定度,称为合成标准不确定度。

(3) 扩展不确定度:扩展不确定度是由合成标准不确定度的倍数表示的测量不确定度,即用包含因子 k 乘以合成标准不确定度得到一个区间半宽度,用符号 U 表示。包含因子的取值决定了扩展不确定度的置信水平。扩展不确定度确定了测量结果附近的一个置信区间。通常测量结果的不确定度都用扩展不确定度表示。

由于测量结果中既包括系统误差也包括随机误差,因此测量的不确定度中含有系统误差和随机误差所导致的成分。即:测量结果=测得值±测量误差(或不确定度)。在国内外的文献中,一般皆将测量不确定度描述为:"测量不确定度(Uncertainty of Measurement)是测量结果所带有的一个参数,用以表征合理地赋予被测量之值的分散性。"

1.4.3　不确定度的来源

(1) 被测量定义的不完善,实现被测量定义的方法不理想,被测量样本不能代表所定义的被测量。

(2) 测量装置或仪器的分辨力、抗干扰能力、控制部分稳定性等影响。

(3) 测量环境的不完善对测量过程的影响以及测量人员技术水平等影响。

(4) 计量标准和标准物质的值本身的不确定度,在数据简化算法中使用的常数及其他参数值的不确定度,以及在测量过程中引入的近似值的影响。

(5) 在相同条件下,由随机因素所引起的被测量本身的不稳定性。

1.5　多次直接测量量的标准不确定度的评定

1.5.1　标准不确定度的A类评定方法

(1) $\bar{x} = \dfrac{1}{n}\sum_{i=1}^{n} x_i$

(2) $S(X) = \sqrt{\dfrac{\sum_{i=1}^{n}(x_i - \bar{x})^2}{n-1}}$,式中自由度为 $v = n-1$。

(3) $u_{\mathrm{A}} = S(\bar{x}) = \dfrac{S(X)}{\sqrt{n}}$

自由度意义:自由度数值越大,说明测量不确定度越可信。

1.5.2　标准不确定度的B类评定方法

由于B类不确定度在测量范围内无法用统计方法评定,方法评定的主要信息来源是以前测量的数据,如生产厂商提供的技术说明书、各级计量部门给出的仪器检定证书或校准证书等。从力学实验教学的实际出发,一般只考虑由仪器误差影响引起的B类不确定度 u_{B} 的计算。在某些情况下,有的依据仪器说明书或检定书,有的依据仪器的准确定等级,有的则粗略地依据仪器的分度或经验，从这些信息可以获得该项系统误差的极限 Δ，而不是标准不确定度。它们之间的关系为：

$$u_B = \frac{\Delta}{C}$$

式中，C 为置信概率 $p=0.683$ 时的置信系数，对仪器的误差服从正态分布、均匀分布、三角分布，C 分别为 3、$\sqrt{3}$、$\sqrt{6}$。大多数力学实验测量可认为一般仪器误差分布函数服从均匀分布，即 $C=\sqrt{3}$（附表 1.4）。实验中 Δ 主要与未定的系统误差有关，而未定系统误差主要来自于仪器误差 $\Delta_{仪}$（附表 1.5），用仪器误差 $\Delta_{仪}$ 代替 Δ，所以一般 B 类不确定度为：

$$u_B = \frac{\Delta_{仪}}{C}$$

附表 1.4　几种非正态分布的置信因子 C

分　布	三角	梯形	均匀	反正弦
置信因子 C （置信概率 $p=0.683$）	$\sqrt{6}$	$\frac{\sqrt{6}}{\sqrt{1+\beta^2}}$	$\sqrt{3}$	$\sqrt{2}$

附表 1.5　常用实验设备的 $\Delta_{仪}$ 值

仪器名称	$\Delta_{仪}$
米尺	0.5 mm
游标卡尺	0.02 mm
千分尺	0.005
计时器	仪器最小读数（1 s，0.1 s，0.01 s）
电阻应变仪	1 $\mu\varepsilon$
电子拉伸试验机	10 N 或 5 N
各类数据仪表	仪器最小计数
电表	K%M（K 准确度或级别，M 量程）

单次直接测量的标准不确定度的评定：

在实验中，只测一次大体有三种情况：第一，仪器精度较低，偶然误差很小，多次测量读数相同，不必进行多次测量；第二，对测量结果的准确程度要求不高，只测一次就够了；第三，因测量条件的限制（如金属拉伸试验中试样不可重复使用），不可能进行多次测量。在单次测量中，不能用统计方法求标准偏差，因而不确定度可简化为：$u_A=0, u_B=\frac{\Delta_{仪}}{3}$。

1.5.3　合成标准不确定度的计算方法

对于受多个误差来源影响的某直接测量量，被测量量 X 的不确定度可能不止一项，设其有 k 项，且各不确定分量彼此独立，其协方差为零，则用方和根方式合成，不论各分量是由 A 类评定还是 B 类评定得到，称合成标准不确定度，用符号 u_C 表示：

$$u_C = \sqrt{\sum_{i=1}^{k} u_i^2}$$

事实上，在大多数情况下，我们遇到的每一类不确定度只有一项，因此，合成标准不确定度计算可简化为：

$$u_C = \sqrt{u_A + u_B} = \sqrt{\frac{1}{n(n+1)}\sum_{i=1}^{k}(x_i - \bar{x})^2 + \frac{\Delta_{仪}^2}{3}}$$

评价测量结果，也写出相对不确定度，相对不确定度常用百分数表示。

1.5.4　关于扩展（展伸）不确定度与测量不确定度的报告与表示

扩展不确定度U(Expanded Uncertainty)由合成不确定度u_C与包含（覆盖）因子k(Coverage Factor)的乘积得到$U = u_C \times k$。

包含因子的选取方法有以下几种：

(1) 如果无法得到合成标准不确定度的自由度，且测量值接近正态分布时，则一般取k的典型值为2或3，通常在工程应用时，按惯例取$k = 3$。

(2) 根据测量值的分布规律和所要求的置信水平，选取k值。例如，假设为均匀分布时，置信水平$p = 0.95$，查附表1.6得$k = 1.96$。

完整的测量结果应有两个基本量，一是被测量量的最佳估计值y，一般由数据测量列的算术平均值给出，另一个就是描述该测量结果分散性的量，即测量不确定度，为方便起见，在实验中一般以合成标准不确定度u_C给出，即：

$$x = x \pm u_C \text{（置信概率 } p=68.3\%\text{）}$$

$$x = x \pm U \text{（置信概率 } p=95.0\%\text{）}$$

附表1.6　正态分布情况下置信概率p与包含因子k的关系

p(%)	50	68.27	90	95	95.45	99	99.73
k	0.67	1	1.645	1.960	2	2.576	3

1.5.5　测量不确定度的评定步骤

(1) 明确被测量的定义及测量条件、原理、方法和被测量的数学模型，以及所用的测量标准、测量设备等。

(2) 分析并列出对测量结果有明显影响的不确定度来源，每个来源为一个标准不确定度分量。

(3) 定量评定各不确定度分量，特别注意采用A类评定方法时要剔除异常数据。

对直接单次测量，$u_A = 0$，$u_B = \frac{\Delta_{仪}}{3}$，$u_C = u_B$。

对直接多次测量，先求测量列算术平均值$\bar{x}$，再求平均值的实验标准差、A类标准不确定度、B类标准不确定度。

(4) 计算合成标准不确定度$u_C = \sqrt{u_A + u_B}$。

(5) 计算扩展不确定度 $U = u_C \times k$。

(6) 报告测量结果实验中的不确定度简化为：$x = x \pm U$（置信概率 p=95.0%）。

1.6　金属材料拉伸试验结果不确定度评定

金属材料拉伸试验结果不确定度的评定可见 GB/T 228.1—2010 的附录 L，由于篇幅关系，这里不再详细叙述。

附录 2 电阻应变仪使用方法简介

2.1 静态电阻应变仪的工作原理

静态电阻应变仪是专供测量不随时间变化或变化极缓慢的电阻应变仪器，其功能是将应变电桥的输出电压放大，在显示部分以刻度或数字形式显示应变的数值，或者向记录仪输入模拟应变变化的电信号。应变测量时，把粘贴在构件上的应变计接入电桥，将电桥预先调平衡，当构件受力发生变形时，应变计随之产生电阻值的变化，从而影响电桥的平衡，产生输出电压，通过仪表显示出应变的数值。

YJ28A—P10R 型静态电阻应变仪的工作原理框图如附图 2.1 所示，可同时测量 10 个点的应变。

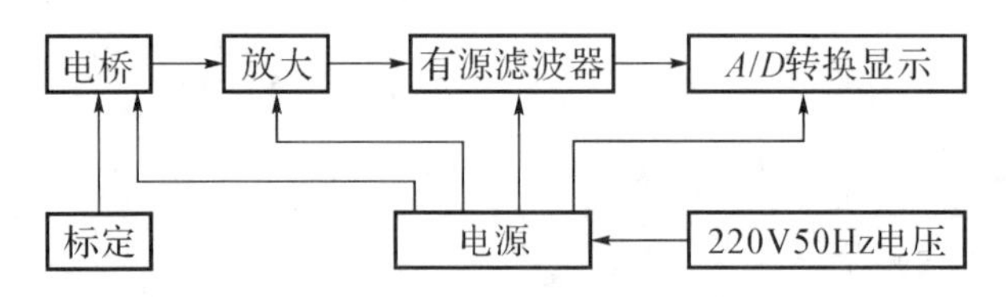

附图 2.1 YJ28A—P10R 型静态电阻应变仪原理图

YJ—4501A 型静态电阻应变仪的工作原理框图如附图 2.2 所示，可同时测量 12 个点的应变。

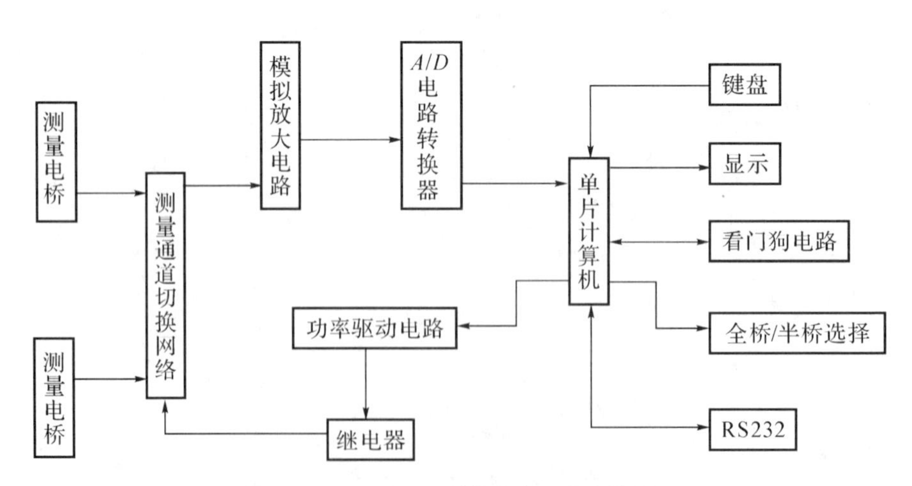

附图 2.2 YJ—4501A 型静态电阻应变仪原理图

2.2　YJ28A—P10R 型静态电阻应变仪的使用方法

2.2.1　YJ28A—P10R 型静态电阻应变仪面板

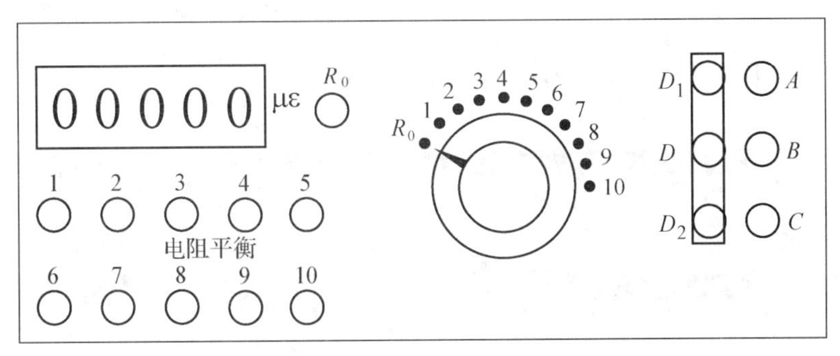

附图 2.3　YJ28A-P10R 型静态电阻应变仪前面板

2.2.2　使用方法

（1）通入接地良好的 220 V 50 Hz 交流电源，打开电源开关，前面板上的数码管应有数字显示或者数字闪烁，预热 30 分钟后，调节前面板上的“R”电位器（顺时针旋转显示为“+”，反之则为“−”），使显示表显示为“00000”。

（2）如附图 2.4 所示，当进行半桥测量时，将电阻应变仪前面板上的 D_1、D 和 D_2 三个接线柱用连接片连接，并旋紧各接线柱，把被测点粘贴的工作片分别接到 A 和 B 接线柱，用做温度补偿的补偿片或工作片分别接到 B 和 C 接线柱，并旋紧；当进行全桥测量时，需把 D_1、D 和 D_2 上的连接片拆除，然后把相应的工作片或补偿片分别接到 AB、BC、CD、DA 四个桥臂上。接好线后，应变仪前面板读数窗口所显示的数值就是 AB 桥臂上所接工作片的应变读数，调节前面板上 R_0 位置的电位器，可以对初读数进行调零。

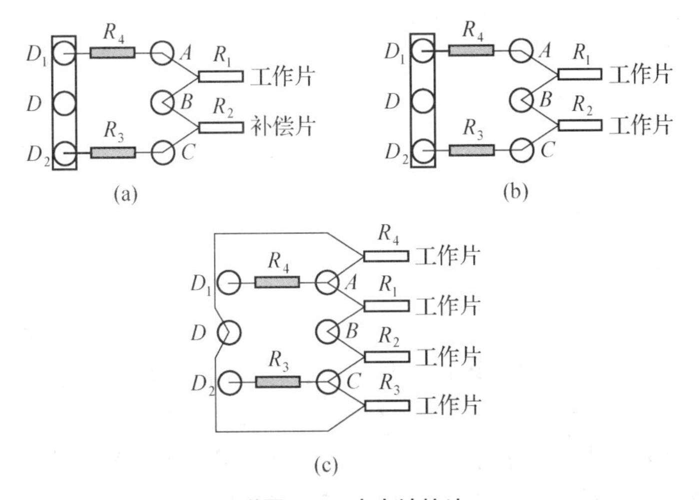

附图 2.4　应变计接法

(a) 单臂半桥接法　(b) 双臂半桥接法　(c) 全桥接法(拆去连接片)

(3) 多点测量时，在前面板用 1～10 通道开关选择通道，相应地接通后面板上所选通道的测量桥接线端 A、B、C 和 D，调节所选择的每个通道的电位器，可以分别对每个通道进行调零。

2.3 YJ—4501A 型静态电阻应变仪的使用方法

2.3.1 YJ—4501A 型静态电阻应变仪面板

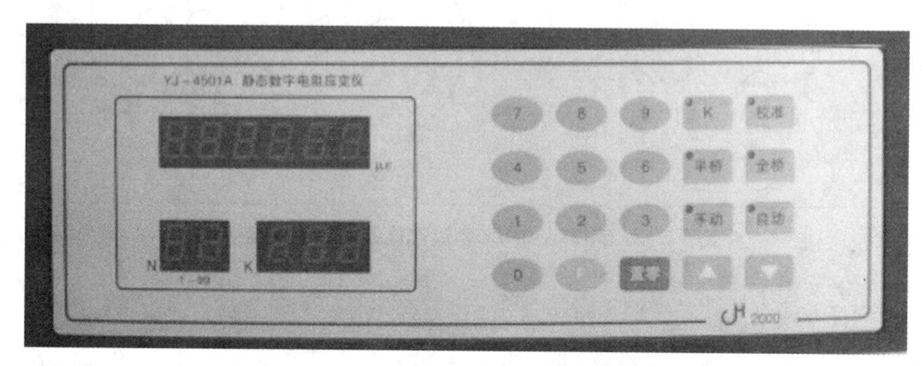

附图 2.5 YJ—4501A 型静态电阻应变仪前面板

左下显示窗　显示测量通道，00～99，本机 00～12，00 为校准通道；

右下显示窗　显示灵敏系数 K 值；

K　灵敏系数设定键，并伴有指示灯；

校准　校准键，并伴有指示灯；

半桥　半桥工作键，并伴有指示灯；

全桥　全桥工作键，并伴有指示灯；

手动　手动测量键，并伴有指示灯；

自动　自动测量键，并伴有指示灯；

▲ ▼　上行、下行键；

置零　置零键；

F　功能键；

0 ~ 9　数字键。

2.3.2 使用方法

打开应变仪背面的电源开关，上显示窗显示提示符 nH—JH，且半桥键、手动键指示灯均亮。按数字键 01(或按任一测量通道序号均可，按功能键无效或会出错)，应变仪进入半桥、手动测量状态，左下显示窗显示 01 通道(或显示所按的通道序号)，右下显示窗显示上次关机时的灵敏系数(若出现的是字母和数字，则按下面的灵敏系数 K 设定操作)，上显示窗显示所按通道上的测量电桥的初始值(未接测量电桥，显示的是无规则的数字)。

(1) 灵敏系数 K 设定。在手动测量状态下，按 K 键，K 键指示灯亮，灵敏系数显示窗

(右下显示窗)无显示,应变仪进入灵敏系数设定状态。通过数字键键入所需的灵敏系数值后,K 键指示灯自动熄灭,返回手动测量状态;若不需要重新设定 K 值,则再按 K 键,返回手动测量状态,灵敏系数显示窗仍显示原来的 K 值。K 值设定范围 1.0～2.99。

(2) 半桥、全桥选择。根据测量要求,选择按半桥键或全桥键,半桥键或全桥键指示灯亮时,显示相应的工作状态,

(3) 电桥接法。根据测量要求,选择半桥或全桥接法。应变仪后面板如附图 2.6 所示,有 0～12 个通道的接线柱,0 通道为校准通道,其余为测量通道。当用公共补偿接线方法时,C 点用短接片短接。

(4) 手动测量。按手动键,手动键指示灯亮,应变仪处于手动测量状态。在该状态下,测量通道切换可直接用数字键键入所需通道号(01 至 12 之间),也可以通过上行、下行键按顺序切换。用置零键对各通道分别置零(置零可反复进行),各通道置零后即可按试验要求进行试验测试。

(5) 自动测量。按自动键,自动键指示灯亮,应变仪处于自动测量状态。进入自动测量状态后,先按置零键,仪器按顺序自动对各通道置零,然后进行试验。接着按 F 键,仪器按顺序自动对各通道试验数据进行检测,并自动将检测到的数据储存起来(可存 40 组数据)。若与计算机联机,通过 RS232 接口可将储存的数据传输给计算机。

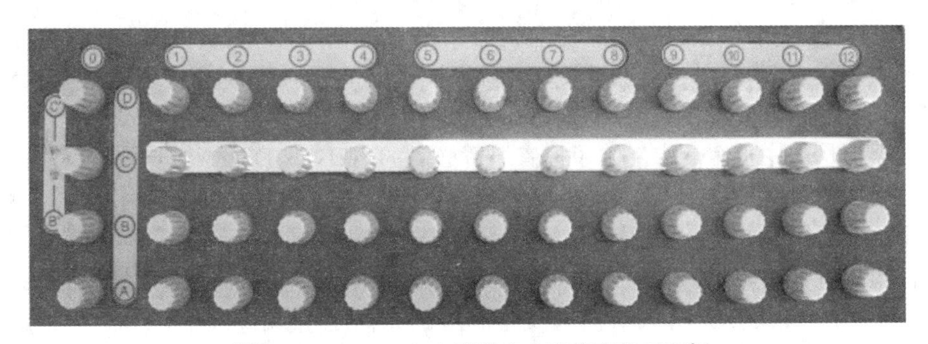

附图 2.6　YJ—4501A 型静态电阻应变仪后面板

2.4　XL2101C 程控静态电阻应变仪使用方法

2.4.1　XL2101C 程控静态电阻应变仪面板

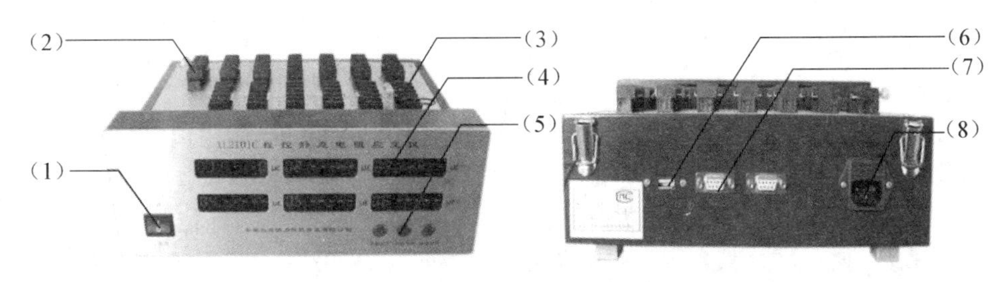

附图 2.7　XL2101C 程控静态电阻应变仪面板

(1) 电源开关。

(2) 接线端子。

(3) 补偿端子。

(4) 显示窗口:7 位 LED——2 位测点序号、5 位测量值显示。

(5) 功能键。有以下 3 种功能:

①系统设定:工作模式及参数设置功能选择键。开机自检时,该键进入工作模式选择状态。测量状态,该键进入参数设置状态。

②自动平衡:测量状态,对各通道进行平衡,显示清零。工作模式及参数设置状态,从左到右循环移动闪烁位位置。

③通道切换:测量状态,进行通道切换。参数设置状态,进行阻值选择、从 0～9 循环改变闪烁位数值。

(6) 串口 1:USB 接口;与计算机进行通讯。

(7) 串口 2:级联接口;多台仪器进行级联测试时的拓展接口。

(8) 电源插座:仪器工作电压为 AC 220 V(±10%) 50 Hz。

2.4.2 使用方法

(1) 根据测试要求,选择合适的桥路进行接线。

XL2101C 程控静态电阻应变仪上面板是由测量端和补偿端(公共补偿)两部分组成。在实际测试过程中,用户可根据测试要求选择不同桥路进行测试,该静态电阻应变仪组桥方式多样,如 1/4 桥(公共补偿)、半桥、全桥和混合组桥,具体接桥方法如下:

①仪器测量端中每个测点上除了标有组桥必需的 A、B、C、D 四个测点外,还设计了一个辅助测点 B1,该测点只有在 1/4 桥(半桥单臂)时使用,在组接 1/4 桥路(半桥单臂)时,必须将 B 和 B1 测点之间的短路片短接;在组接半桥或全桥时必须将 B 和 B1 测点之间的短路片断开。在组接各种桥路时,B 与 B1 之间的短路片如接法错误会造成该通道显示值过载。

②在 1/4 桥(共用补偿)中可以使用一个补偿端为所有测量端进行补偿(如附图 2.8(2))。

(2) 确认接线无误后,将工作模式设置为"OFF"本机自控工作模式。

XL2101C 程控静态电阻应变仪具有三种工作模式,分别为计算机外控、计算机监控和本机自控工作模式。在使用该仪器时,首先应进行工作模式设置。打开仪器电源开关,仪器进入自检状态,当 LED 显示 "8888888"或"2101C"字样时,按下"系统设定"键 3 s 以上,仪器自动进入工作模式设置状态。"OFF"表示本机自控工作模式,"ON"表示计算机外控工作模式。仪器出厂默认为"OFF"本机自控工作模式,设置完毕后,按"系统设定"键保存设置,仪器自动返回到测量状态。

(3) 在测量状态下,对仪器进行参数设置。

在测量状态下按"系统设定"键 3 s 以上,仪器自动进入参数设置状态。仪器上有 3 种应变计电阻阻值的选项,分别为 120/240/350 Ω,根据使用的应变计电阻阻值,使用"通道切换"键进行片阻切换,应变计电阻选择完成后,按"系统设定"键进行确认。再按"自动平衡"键——循环改变闪烁位位置,"通道切换"键——从 0～9 循环改变闪烁位数值,根据使用应变计的灵敏系数进行设置,仪器灵敏系数设定范围为 1.00～9.99。完成后,按"系统设定"键进行确认完成参数设置,仪器自动返回到测量状态。

(4) 对仪器进行预热,一般要预热 20 min 左右,以保证测量结果更加稳定。

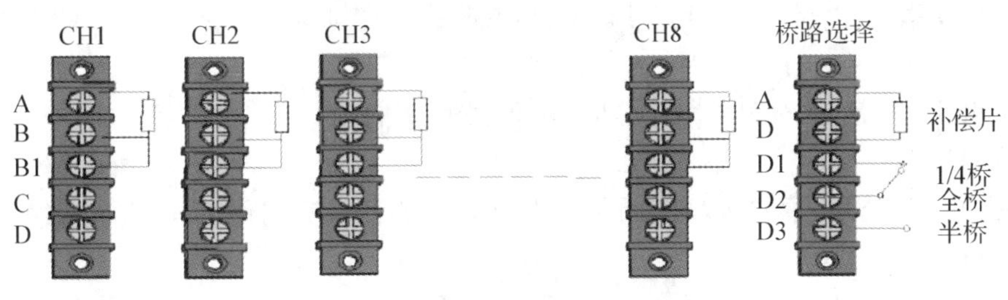

(1)　1/4 桥(公共补偿)

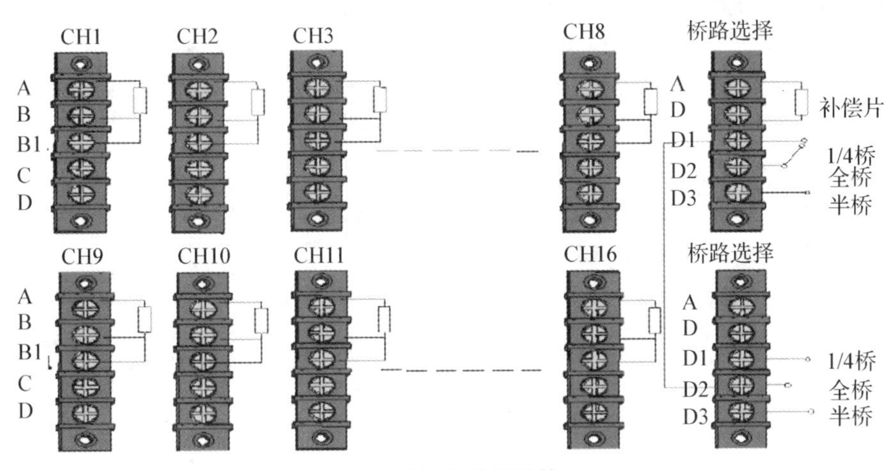

(2)　1/4 桥(共用补偿)

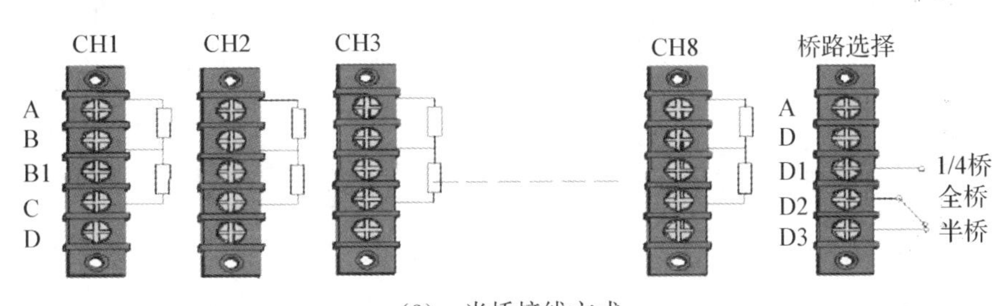

(3)　半桥接线方式

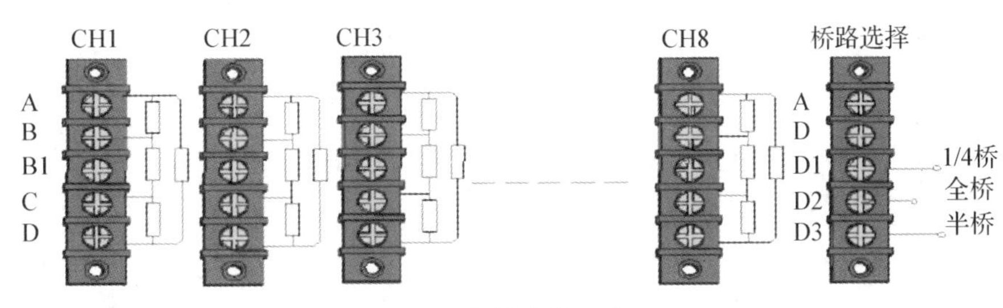

(4)　全桥接线方式

附图 2.8　XL2101C 程控静态电阻应变仪组桥方式

(5) 按“自动平衡”键,对所有测试通道进行桥路平衡。

(6) 对仪器进行加载并记录测试数据,按“通道切换”键进行通道切换,方便查看各通道数据。

(7) 测试完毕后,应先卸掉载荷,再关闭仪器电源开关。

注意事项:

1. 在测量状态下,请勿按“自动平衡”键,否则此组测量数据作废,卸载后按“自动平衡”键重新测试。

2. 在手动测量状态,按下“系统设定”和“自动平衡”键需 3 s 以上方可生效,这是为了防止测试现场有人误操作影响测量数据。

3. 每次重新开机时间间隔不得少于 10 s,防止显示混乱或通讯不正常。

附录 3　Instron 3367 电子材料试验机使用方法简介

3.1　Instron 3367 电子材料试验机简介

Instron 3367 型双立柱台式电子材料试验机是机械传动式电子试验机，它的最大测力能力为 30 kN，精度为 0.5%级，产地为美国。使用 Instron Bluehill 软件，主要包含主屏幕、控制器、试验选项卡、方法选项卡、管理器选项卡等功能，可完成拉伸实验、弯曲试验、压缩试验，可以实现以应力控制、应变控制、恒载控制、恒位移控制等多种加载控制方式，具体使用方法参见 Instron Bluehill 软件参考手册。

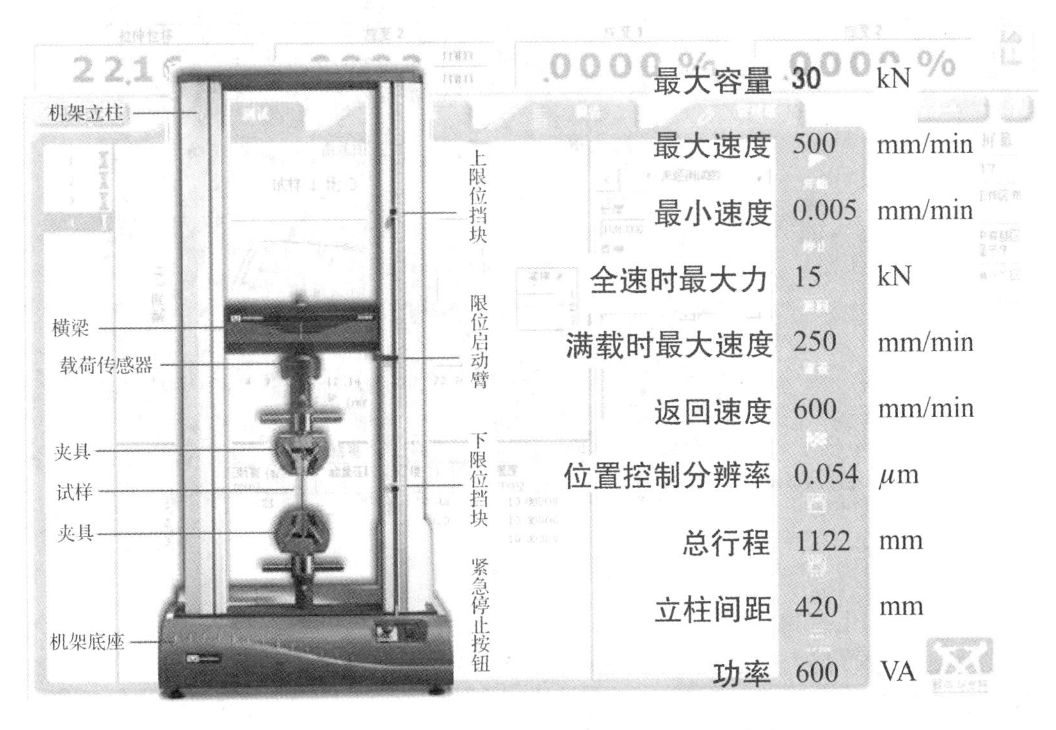

附图 3.1　Instron 3367 型双立柱台式电子材料试验机

3.2　Instron3367 试验机简明操作规程

3.2.1　准备工作

(1) 认真阅读相关实验指导书和设备说明。

(2) 检查试验机和电脑的各电源线及数据线是否连接好。

(3) 检查试验机横梁上下限位开关是否处在合适位置。

(4) 接通计算机电源和试验机电源，计算机启动后，双击桌面 Bluehill 程序图标。程序启动后进入 Bluehill 登录界面，见附图 3.2。

登录用户名为“学生”。登录密码为“83792247”。

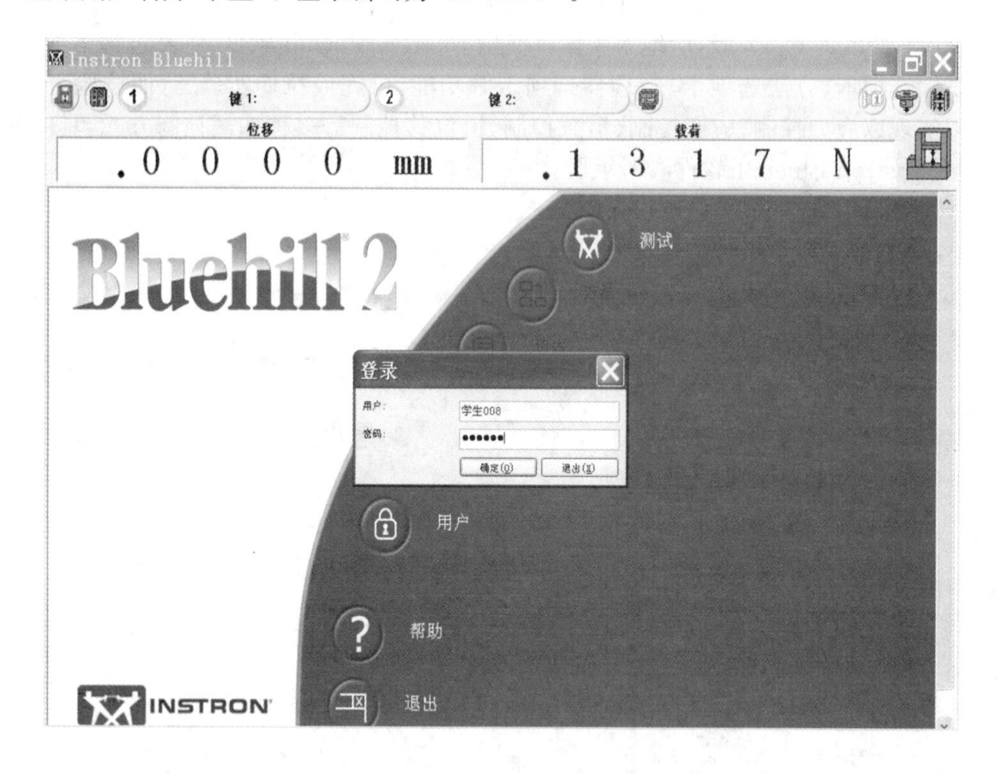

附图 3.2　登录界面

登录后进入 Bluehill 软件的测试窗口，可单击“测试”键进入测试程序，见附图 3.3。

当进入测试区界面后，见附图 3.4，根据指导教师的要求选择相应的实验方法(预先编制好的控制程序)，选择后显示出正打开实验程序的窗口。

选好的实验程序会在附图 3.5 中位置显示，如果选择的方法与教师要求的完全一致，说明选择正确，可继续实验；否则，应先退出“测试”界面，重新进入“测试”界面，再选择方法。

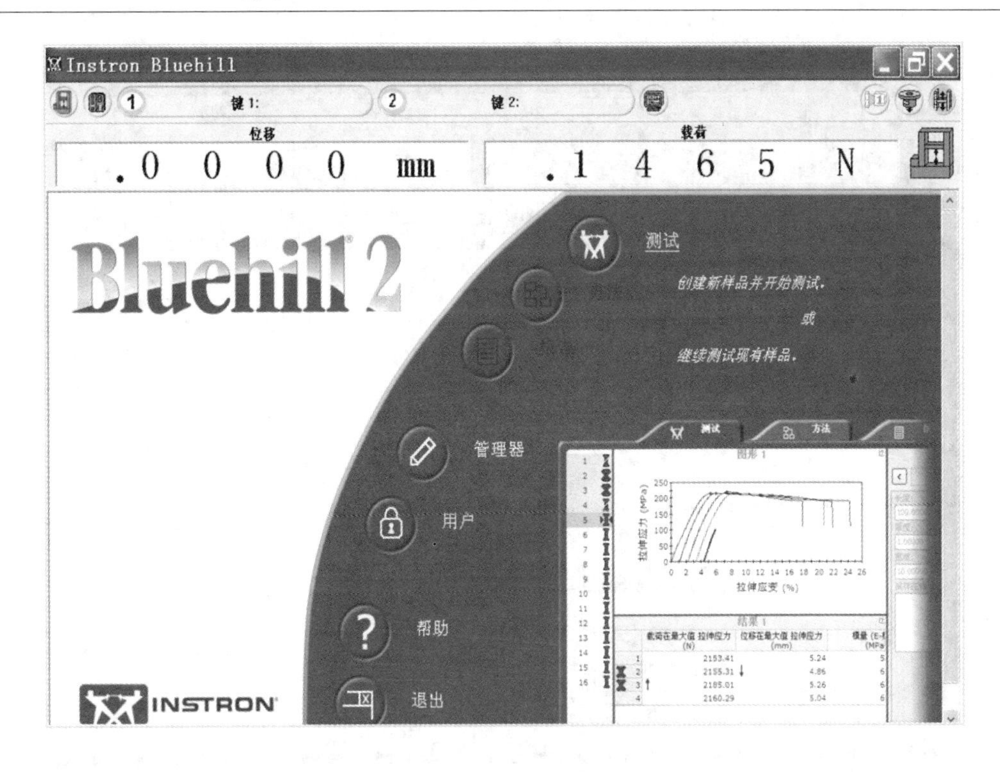

附图 3.3　软件界面

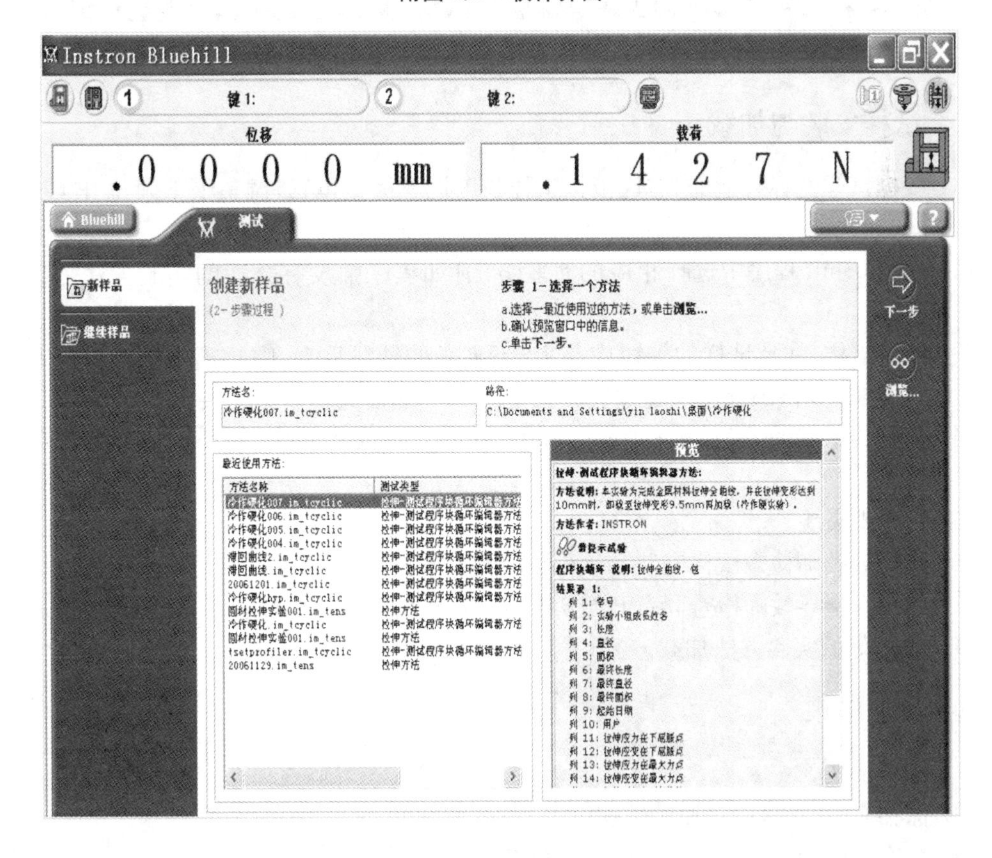

附图 3.4　选择实验方法

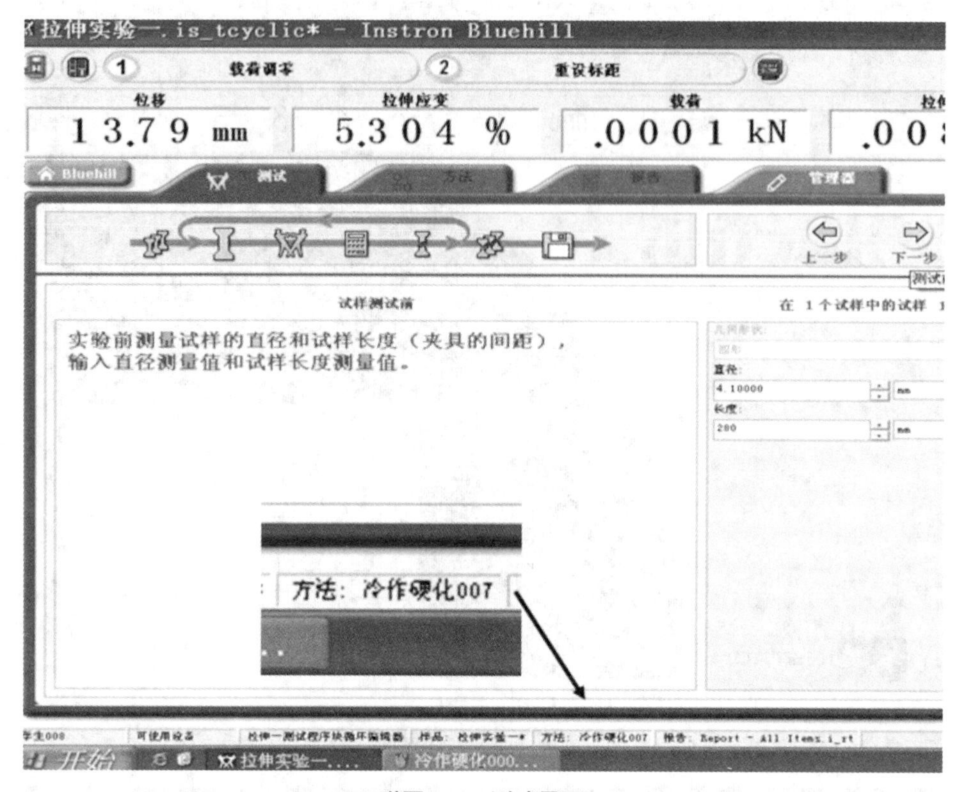

附图 3.5 测试界面

3.2.2 试样安装与加载

(1) 根据试样选择合适的夹具，根据试样长度调整横梁位置，调整上下限位开关到安全位置。

(2) 在 Bluehill 程序中选择相应的实验方法(如程序中没有合适的实验方法需重新编写)。

(3) 安装试样，注意试样的轴线应与上、下夹头的轴线重合，防止出现试样偏斜和夹持部分过短的现象，夹持部分至少超过夹具长度的 2/3，然后先锁紧下夹头。

(4) 检查传感器的零位，进行“载荷调零”和“重设标距”操作，使荷载读数和位移读数调零。

(5) 锁紧上夹头。

(6) 请指导教师检查试样安装和软件设置是否正确。

(7) 必须在指导教师检查同意开始实验后，才能单击软件界面中的“开始”键，启动试验机按照预先编好的实验方法加载。

3.2.3 实验结束

(1) 取下试样。

(2) 保存实验结果，记录原始数据。

(3) 在实验记录本上进行登记(学号、姓名、实验内容、实验时间、指导教师)。

(4) 整理实验环境(将实验器材放回原处、放好板凳、垃圾放到指定的位置)。

(5) 关闭计算机,关闭试验机电源。

友情提示:

(1) 计算机是试验机的重要组成部分之一,在任何时候都不允许更改计算机的设置。

(2) 不得使用移动硬盘拷贝数据或文件。如需拷贝原始数据,必须由指导教师帮助完成。

(3) 测试界面中的"返回"键,是指计算机控制试验机横梁回到初始位置。为安全起见,希望同学们在一般情况下不要使用此键。

(4) 使用过程中必须时刻注意横梁下限位开关位置,防止上下夹具直接接触受压导致损坏。

附录4 光弹性仪简介

4.1 传统光弹仪

附图 4.1 传统光弹实验装置

4.2 光弹性基本知识

自然光:由七种不同波长的光波组成,在垂直于传播方向的平面内各个方向振动。

单色光:自然光中某一种波长的光波。

偏振光:光波被约束在某一特定方向作规则振动。

双折射:光从一种介质进入另一种介质(云母、方解石等)分解成两束折射光线(平面偏振光)且波速不同,振动方向相互垂直,称为双折射。

1/4 波片:利用双折射现象,调整材料厚度,使两束偏振光射出后的光程差为 1/4 波长,这种光学元件称为 1/4 波片。

圆偏振光:当偏振光的振动方向与 1/4 波片的两个光轴成 45 度角通过时,就形成圆偏振光。

暂时双折射:在偏振光照射下,某些材料(如环氧树脂等)在其内部有应力作用时会出现双折射现象,应力消失,双折射现象也消失,称为暂时双折射。

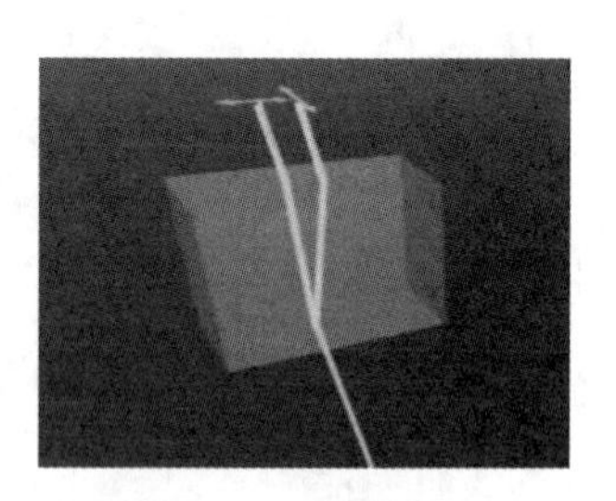

附图 4.2 双折射现象

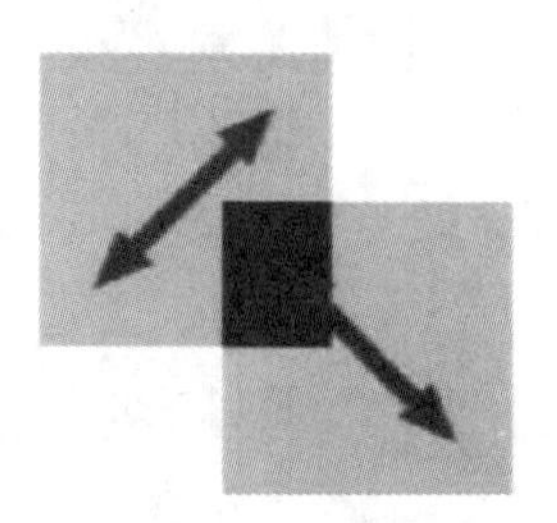

附图 4.3 偏振现象

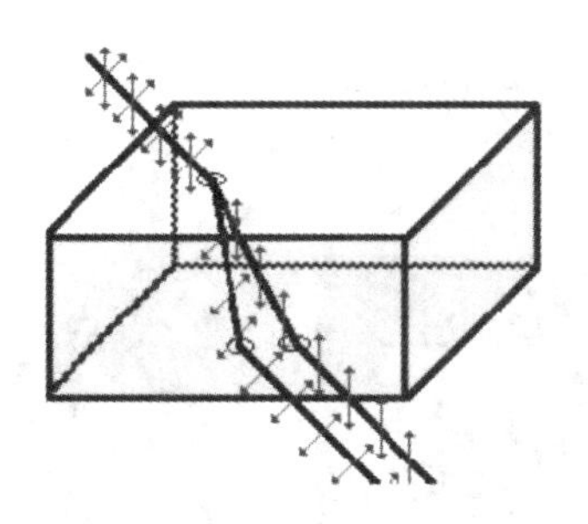

附图 4.4　双折射光路示意图

应力光学定律：

$$R = Ch(\sigma_1 - \sigma_2)$$

式中：R——光程差；

C——光学系数，与材料有关；

h——试样厚度；

σ_1、σ_2——两个主应力。

此式表明，当一束平面偏振光垂直入射一个受力光学平板模型时，它沿两个主应力方向分解为两束平面偏振光，由于这两束平面偏振光在平板模型内传播速度不同，它们通过平板后产生的光程差 R 与平板厚度 h 及两个主应力差($\sigma_1 - \sigma_2$)之积成正比。

4.3　平面模型在平面偏振光下的光学效应

等差线条纹：白光时除了 0 级其他条纹均为彩色，单色光时各级条纹为黑色。

$$\sigma_1 - \sigma_2 = n\frac{f}{h}$$

物理意义：σ_1、σ_2 为同一点处主应力；n 为条纹级数(1，2，3…)；f 为材料条纹值(单位：N/mm)，h 为试样厚度。

等倾线条纹：代表了各点的主应力方向，其角度 θ 为主应力方向与 X 轴的夹角。P-P 轴垂直，A-A 轴水平时，得到的等倾线为 0 度等倾线。反时针同步转动起、检偏镜，可得到 0°～90°等倾线。等倾线为黑色条纹。在圆偏振光场下等倾线消失。

 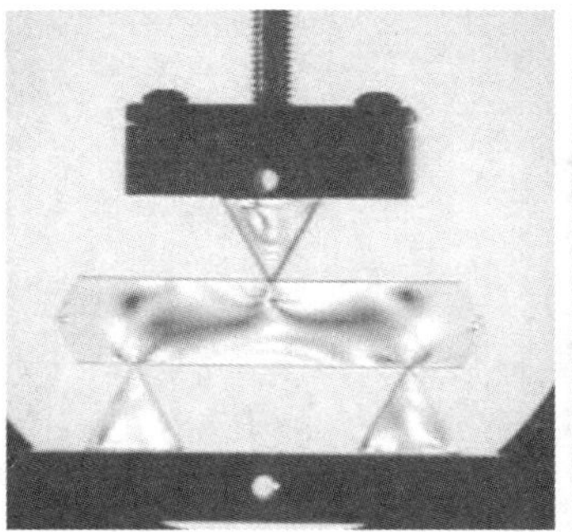 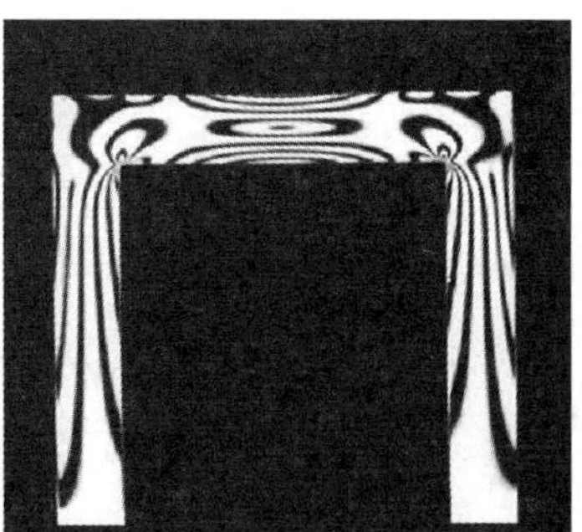

附图 4.5　各种光弹实验

4.4 光弹在工程中的应用

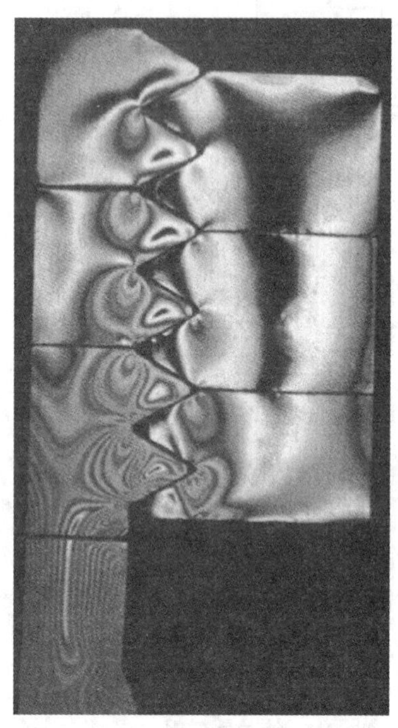

附图 4.6　螺栓应力分析

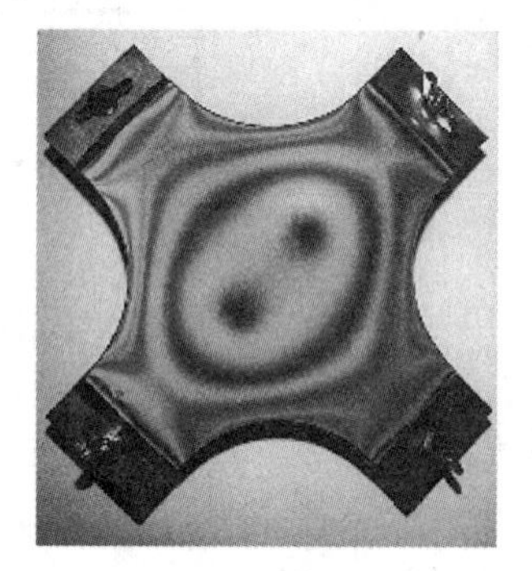

附图 4.7　双向拉伸

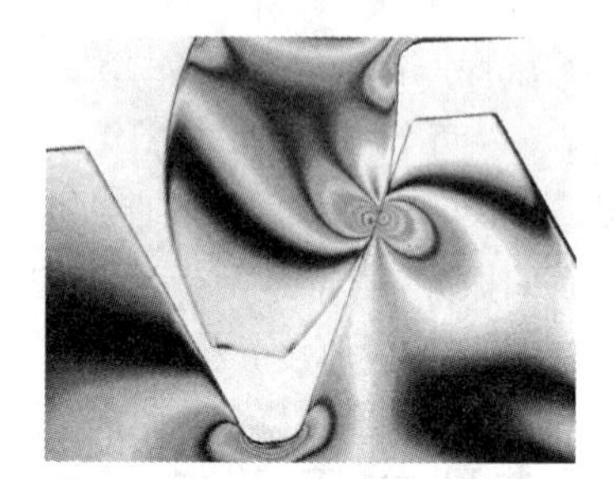

附图 4.8　齿轮接触应力分析

4.5 仪器使用注意事项

(1) 严格避免用手触摸仪器的各光学镜面。

(2) 光学镜面上的灰尘和污渍要用专用工具清除。

(3) 给试样加载时要缓慢,并注意不要过载。

参 考 文 献

[1] 刘鸿文.材料力学.第4版.北京:高等教育出版社,2004.
[2] 孙训方,方孝淑,关来泰.材料力学.第4版.北京:高等教育出版社,2004.
[3] 老亮,赵福滨,郝松林,等.材料力学思考题集.第2版.北京:高等教育出版社,2005.
[4] 天津大学材料力学教研室光弹组.光弹性原理及测试技术.北京:科学出版社,1982.
[5] GB/T 228—2002 金属材料　室温拉伸试验方法.北京:中国标准出版社,2002.
[6] GB/T 228.1—2010 金属材料 拉伸试验 第一部分:室温试验方法.北京:中国标准出版社,2010.
[7] GB/T 8170—2008 数值修约规则与极限数值的表示和判定.北京:中国标准出版社,2008.
[8] 赵凯华.光学.北京:高等教育出版社,2004.
[9] 刘鸿文.高等材料力学.北京.高等教育出版社,1996.
[10] Jeffery Travis,Jim Kring. Labview 大学实用教程.北京:电子工业出版社,2008.
[11] Handbook of Experimental Solid Mechanics. Springer,2008.
[12] Experimental Mechanics of Solids. John Wiley & Sons,Ltd.,2012.